F. Severi (Ed.)

Teorema di Riemann-Roch e questioni connesse

Lectures given at the
Centro Internazionale Matematico Estivo (C.I.M.E.),
held in Varenna (Como), Italy,
June 29-July 8, 1955

 Springer

C.I.M.E. Foundation
c/o Dipartimento di Matematica "U. Dini"
Viale Morgagni n. 67/a
50134 Firenze
Italy
cime@math.unifi.it

ISBN 978-3-642-10888-4   e-ISBN: 978-3-642-10889-1
DOI:10.1007/978-3-642-10889-1
Springer Heidelberg Dordrecht London New York

©Springer-Verlag Berlin Heidelberg 2011
Reprint of the 1sted. C.I.M.E., Florence, 1955
With kind permission of C.I.M.E.

Printed on acid-free paper

Springer.com

CENTRO INTERNATIONALE MATEMATICO ESTIVO
(C.I.M.E)

Reprint of the 1st ed.- Varenna, Italy, June 29-July 8, 1955

TEOREMA DI RIEMANN-ROCH E QUESTIONI CONNESSE

<u>B.L. VAN DER WAERDEN</u>

(I corso di Varenna-29 giugno-8luglio 1955)

DEMONSTRATION ALGEBRIQUE

DU

THEOREME DE RIEMANN-ROCH

Roma-Istituto Matematico dell'Università 1955-ROMA

DÉMONSTRATION ALGÉBRIQUE DU THÉORÈME
DE
RIEMANN-ROCH

Lection 1.

INTRODUCTION.

Il y a trois points de vue, trois manières de formuler et de démontrer le Théorème de Riemann-Roch, savoir:

I- le point de vue de la Théorie des fonctions.

II- le point de vue de l'algèbre.

III- celui de la géométrie algébrique.

I. Dans la théorie des fonctions; le point de départ est une surface de Riemann ou Riemannienne close. Les fonctions méromorphes sur la Riemannienne forment un corps de fonctions K. Si z_1 est une de ces fonctions, toutes les autres sont des fonctions algébriques de z_1.

II. Dans la théorie algébrique, le point de départ est un corps $K=k(z_1,\ldots,z_r)$, où k est un corps de constantes arbitraire, et où tous les générateurs $z_1,\ldots,z_r$ sont des fonctions algébriques d'un entre eux, qui n'est pas algébrique par rapport à k.

III. Si on ajoute à $z_1,\ldots,z_r$ une coordonnée homogène $z_0=1$, on obtient un point générique $(z_0,\ldots,z_r)$ d'une courbe algébrique (dans l'espace projectif S_r. Les points de la courbe sont les spécializations du point générique. Le corps K est le corps des fonctions rationelles sur la courbe:

$$\mu = \frac{F(z_0,\ldots,z_r)}{G(z_0,\ldots,z_r)}$$

où F et G sont des formes du même degré.

On peut passer directement de la Riemannienne à la courbe C. Soient $z_0,\ldots,z_r$ des fonctions méromorphes sur la Riemannienne, et

soit P un point de la Riemannienne. Dans l'antourage de P, les
fonctions $z_0, \ldots, z_r$ peuvent être développées en séries de puissances de la variable locale t.

Si quelques-unes de ces fonctions ont un pôle à P, on multiplie
toutes ces séries par une puissance t^a de sorte que les séries
$t^a z_0, \ldots, t^a z_r$ ne contiennent pas de termes négatives:

$$t^a z_i = b_i + c_i t + d_i t^2 + \ldots$$

et que les b_i ne sont pas tous zéro.

Alors, en posant t=0, on obtient un point $(b_0, b_1, \ldots, b_r)$ de la
courbe C.

Donc: <u>A chaque point P de la Riemannienne correspond un seul
point de la courbe C.</u>

Il peut se passer qu'un point de la courbe correspond à
plusieurs points de la Riemannienne. Pour éviter cela, on
construit un modèle C' de la courbe C <u>sans points multiples</u>
dans un espace $S_{r'}$. Alors chaque point de C' correspond à un
seul point de la Riemannienne.

Qu'est-ce qui correspond, dans la théorie algébrique, aux
points P de la Riemannienne ou de la courbe C'?

Ce sont les <u>valuations</u> du corps K.

Partons d'un point P de la Riemannienne . Chaque fonction
u a un certain <u>ordre</u> à P: l'ordre est positif pour un zéro de la
fonction et negatif pour un pôle. L'ordre est simplement le
premier exposant dans le développement de la fonction u.

Cet ordre o(u) a les propriétés suivantes:

  (1) o(u) est un entier, excepté $o(0)=\infty$

  (2) o(uv) = o(u)+o(v)

  (3) o(u+v) $\geqq$ Min (ou,ov)

  (4) o(c)=0 si c est une constante $\neq 0$.

Une application o de K ayant les propriétés (1)-(4), est
appelée une <u>valuation discrète</u> du corps de fonctions K.

Nous avons vu qu'à chaque point P de la Riemannienne correspond une valuation o_P. Aussi à chaque point P' non générique
de la courbe C' correspond une valuation, définie comme suit. Soit

$$\mu = \frac{F(z_0, \cdots, Z_{r'})}{G(z_0, \cdots, Z_i)}$$

une fonction de K et soient a et b les multiplicités d'intersection
des hypersurfaces F et G avec C' à P'. Alors

$$o(u) = a - b$$

a les propriétés (1)-(4). Si P' et P" sont algébriquement conjugés
par rapport à k,les valuations correspondant à P' et P" sont les
mêmes. Dons: <u>A chaque groupe de points conjugés par rapport à k</u>
<u>correspond une valuation o du corps K.</u>

On peut démontrer qu'on obtient ainsi toutes les valuations
discrètes de K.

Les valuations o , qui jouent, dans la théorie algébrique,
le même rôle que les points de la Riemannienne ou du modèle C'
jouent dans les autres théories,seront appelés <u>places</u> du corps K
et dénotés par P,Q, etc.

Pour chaque place P, les fonctions u à valeur non négatifs
forment un anneau E_P, <u>l'anneau de la valuation</u>, et les u à valeur
positive forment un ideal I_P dans cet anneau, <u>l'idéal de la valua-</u>
<u>tion.</u> L'anneau résiduel E_P/I_P est un corps fini sur k, le <u>corps</u>
<u>résiduel</u> k_P de la valuation. Si k est algébriquement fermé, on n
toujours $k_P=k$.
Le <u>degré</u> f d'une place P est le degré du corps de résidus k_P par
rapport à k. Si $v_1,\ldots,v_f$ forment une base de k_P, les éléments
de k_P sont $c_1 v_1 + \ldots + c_f v_f$. Les v_i sont des classes de résidus, mais
j'indiquerai par le même symbole des fonctions v_i représentant ces

classes.

Soit P une place et π une fonction de **valeur minimale** positive. En divisant tous les $o(u)$ par $o(\pi)$, on peut supposer $o(\pi)=1$.

Alors, si f=1, chaque fonction u peut être développée en série de puissances formelles

$$(1) \qquad u = c_{-s}\,\pi^{-s} + \cdots + c_0 + c_1\,\pi + \cdots$$

Si $f > 1$, on a au lieu de (1)

$$(2) \qquad u = \sum_{\nu=-s}^{\infty} \left(c_{\nu 1}\,v_1 + \cdots + c_{\nu f}\,v_f \right)\pi^{\nu}$$

Les séries (1) et (2) correspondent aux séries classiques

$$(3) \qquad u = c_{-s}\,t^{-s} + \cdots + c_0 + c_1\,t + \cdots$$

Diviseurs. Si on assègne, à un nombre fini de places P, des exposants entiers e, on obtient un <u>diviseur</u>

$$D = \prod P^e$$

Par exemple, les P peuvent être les **zéros** et **pôles** d'une fonction u, chacun avec sa propre multiplicité $e=o(u)$. Alors $D=\prod P^e$ est appelé <u>le diviseur de u</u> et on écrit $D=(u)$.

Le produit de deux diviseurs est formé par l'addition des exposants:

$$\prod P^d \cdot \prod P^e = \prod P^{d+e}$$

Si $D=\prod P^e$, on définit $D^{-1}=\prod P^{-e}$. Une fonction u est <u>multiple de</u> D^{-1}, si on a $o(u) \geqslant -e$ pour les places P qui entrent dans le produit, $o(u) \geqslant 0$ pour les autres places.

Le _degré_ $n(D)$ du diviseur $D = \prod P^e$ est défini comme

$$n(D) = \sum ef$$

où f est le degré de P.

Le problème qui **conduit** au **théorème** de Riemann-Roch est: Combien de fonctions u linéairement **indépendants** existent, qui sont des multiples d'un diviseur D^{-1} donné? La **réponse** est donnée par la formule bien connue

$$(D) = n(D) - g+i(D)+1$$

où g est le genre de la courbe et $i(D)$ l'**indice** de **spécialité** du diviseur D.

Pour traduire ce problème dans le **language** de la géométric algébrique, on représente **les** fonctions u **comme** quotients de formes du même degré

$$u_\lambda = \frac{F_0 \lambda_0 + \cdots + F_r \lambda_r}{G}$$

et la question se réduit à l'autre: Quelle est la dimension projective $r = \ell(D) - 1$ d'une série linéaire complète de groupes de points, coupée sur la courbe C' par un système de formes $F_0 \lambda_0 + \ldots + F_r \lambda_r$ dont aucune n'est nulle sur toute la courbe, qui contient un groupe donné D?

La _méthode de construction_ est différente dans les trois théories. Dans la théorie des fonctions, on commence à construire des intégrales Abèliennes de seconde espèce $\int v\, dz$ à pôles données, et on demande combien de ces intégrales ont des périodes nulles. On peut construire les différentielles v dz par une méthode algébrique (voir Lection 2), ou bien on peut construire la partie réelle de l'intégrale $J = \int v\, dz$ comme fonction harmonique au moyen du Principe de Dirichlet (voir H.Weyl, Die Idee der Riemannschen Fläche) ou par la méthode alternante de Schwarz (voir Nevamlinna, Uniformisierung p.150).

La méthode aritthmétique représente les fonctions u du
corps K au moyen d'une base de K par rapport au sous-corps k(z),
où z est une variable indépendante choisie d'une manière arbitraire. On a donc

$$u = \varphi_1 u_1 + \cdots + \varphi_n u_n$$

où $\varphi_1, \ldots, \varphi_n$ sont des fonctions rationnelles de z. Dedekind
et Weber, qui ont développé cette méthode (voir Crelle's Journal
92,1882), choisissent $u_1, \ldots, u_n$ comme une base des entiers de
K par rapport à k[z]. F.K. Schmidt, à généralisé la méthode
pour les corps inséparables (Math. Zeitschrift 41, 1936). André
Weil a encore simplifié la méthode de Schmidt; c'est son exposé
(Crelle's Journal 179, 1938) que nous suiverons.

La méthode algébro-géométrique, de Max Noether se sert,
pour construire une série complète de groupes de points, des
courbes adjointes d'une courbe plane. La méthode rapide de
F.Severi mène à une démonstration très simple et belle. André
Weil a donné une autre démonstration qui se base sur la théorie
des correspondances entre deux courbes (voir son livre Courbes
algébriques et les variétés qui s'én déduisent).

Lection 2.

DEMONSTRATION CLASSIQUE DU THEOREME DE R.R. PAR LA THEORIE DES FONCTIONS[1].

Soit $\mathcal{J} = \int u\, dz$ une intégrale de __deuxiéme espèce__. Pour
une place P, où l'intégrale a un pôle, la partie principale de J
est de la forme

$$(1) \qquad a_{-\mu} t^{-\mu} + \cdots + a_{-1} t^{-1}$$

----

1) Cette lection a été supprimée dans le cours de Varenna.

Le développement de la différentielle $dJ = \dot{m}\,dz$ est donc

$$(2) \qquad dJ = \left(-\mu a_{-\mu} t^{-\mu-1} - \ldots - a_{-1} t^{-2} + \ldots\right) dt$$

Le terme avec t^{-1} manque: il n'y a pas de résidu. Les périodes $p_1, \ldots, p_g$, $q_1, \ldots q_g$ de J sont définis par

$$(3) \qquad \int_{c_K} dJ = p_K \quad , \quad \int_{d_k} dJ = q_k$$

où $c_1, d_1, \ldots, c_g, d_g$ sont les contours formant la dissection canonique de la Riemannienne. Cette dissection transforme la Riemannienne en un polygone, dont les cotés sont (dans cet ordre)

$$c_1 d_1 \; c_1^{-1} d_1^{-1} \; \ldots \; c_g d_g c_g^{-1} d_g^{-1}$$

THEOREME I. **L'intégrale J est déterminé, à une constante près, par les a_{-1} et les p_k définis par (1) et (3).**

Pour la démonstration voir par exemple C.Jordan, Cours d'Analyse II.

Le nombre de ces constantes a_{-i} et p_k est $n'+g$, où $n' = \sum \mu$. L'intégrale J dépend donc de $n'+g+1$ constantes.

THEOREME 2. **Il existe toujours une intégrale J ayant des parties principales (1) et des premières périodes p_k données.**

Pour démontrer cela, on forme la différentielle

$$dJ = \frac{A(z,w)}{B(z,w)} \frac{dz}{f_w}$$

où $f(z,w)=0$ est l'equation d'une courbe plane, modèle du corps K, de degré n, où f_w est la dérivée de f par rapport à w, où B est un pplynome fixe de degré m dont l'intersection avec la courbe f est un multiple du diviseur $D = \prod P^{\mu+1}$, et où A est un polynome adjoint d'ordre n−3+m, choisi d'une telle manière que dJ reste fini pour tous les places P non appartenant au diviseur D et que l'ordre de d $\mathfrak{J}$ dans des pôles P soit toujours $\geqslant -\mu$ -1. On peut toujours supposer (pour simplifier la démonstration) que la courbe f n'a que de points multiples à tangentes séparés. Alors on trouve que la forme adjointe A dépend modulo f(z,w) de n'+g constantes arbitraires. Les formes A forment donc un espace vectoriel R à n'+g dimensions. D'autre part, les systèmes $(a_{-\nu}, p_i)$ formés de n' coefficients $a_{-\nu}$ et de g périodes p_i forment un espace vectoriel R' du même nombre de dimensions n'+g. A chaque forme A correspond un vecteur $(a_{-\nu}, p_i)$, et l'application A $\rightarrow$ $(a_{-\nu}, p_i)$ est, à cause du Théorème 1, un isomorphisme. Puisque R et R' ont même dimension, il s'agit d'une application de R sur R', ce qui prouve le théorème 2.

Pour arriver au théorème de Riemann-Roch, on doit se demander: Quelles intégrales $\mathfrak{J}$ ont $p_k=0$ et $q_k=0$?

D'après Théorème 2, il y a exactement n' différentielles d$\mathfrak{J}$ lineairement indépendantes ayant $p_k=0$. L'intégrale $\mathfrak{J}$ dépend donc de n'+1 constantes arbitraires. Les g conditions $q_k=0$ donnent g équations linéaires pour ces n'+1 constantes. Le nombre des solutions indépendantes est donc

$$(4) \qquad l' = n' + 1 - g + i$$

où i est le nombre de relations de dépendance linéaire entre les g équations.

Le nombre i est appelé indice de spécialité. Pour l'évaluer calculons les périodes q_k.

Soit $\mathfrak{J}$ une intégrale de seconde espèce et d $\mathfrak{J}'$ une différentielle de première espèce, c.à.d. dans pôles.

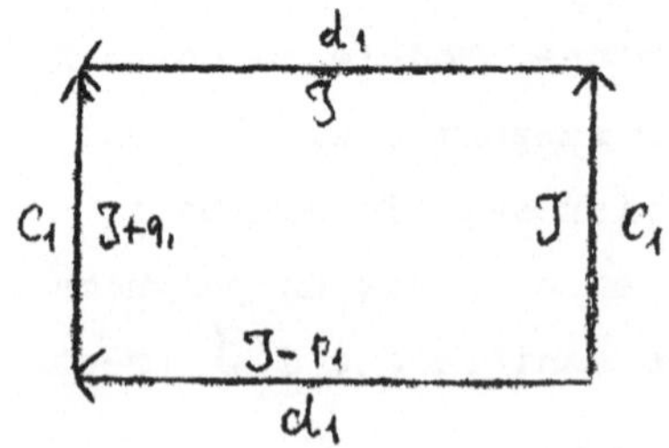

La fonction $\mathfrak{J}$ est univalente à l'intérieur du polygone, qui réprésente la Riemannienne. L'intégrale $\int \mathfrak{J} \, d\mathfrak{J}'$ sur le bord de ce polygone est égale à la somme des résidus de l'intégrale par rapport aux pôles

P de $\mathcal{J}$:

$$(5) \qquad \int_P \mathcal{J}\, d\mathcal{J}' = \sum_P \text{Rés}\left(\mathcal{J}\, d\mathcal{J}'\right)$$

L'évaluation de l'intégrale pour 4 côtés successifs $c_k\ d_k c_k^{-1} d_k^{-1}$ donne

$$\int_{c_k} \mathcal{J}\, d\mathcal{J}' + \int_{d_k} \mathcal{J}\, d\mathcal{J}' - \int_{c_k}\left(\mathcal{J}+q_k\right) d\mathcal{J}' - \int_{d_k}\left(\mathcal{J}-p_k\right) d\mathcal{J}' =$$

$$= p_k \int_{d_k} d\mathcal{J}' - q_k \int_{c_k} d\mathcal{J}' = p_k q_k' - q_k p_k'$$

où p_k' et q_k' sont les périodes de $\mathcal{J}'$ .On a donc

$$(6) \qquad \sum \left(p_k q_k' - q_k p_k'\right) = \sum_P \text{Rés}\left(\mathcal{J}\, d\mathcal{J}'\right)$$

D'après Théorème 2, il existe une différentielle d $\mathcal{J}'$ du 1er espèce ayant tous les $p_i'=0$ excepté $p_k'=1$. Pour $\mathcal{J}$, nous supposerons que tous les p_k sont $=0$. Alors (6) se simplifie:

$$(7) \qquad -q_k = 2\pi i \sum_P \left(\text{coeff. de } t^{-1} dt \text{ dans } \mathcal{J}\, d\mathcal{J}'\right)$$

Pour une place P, on a

$$\mathcal{J} = a_{-1} t^{-1} + \cdots + a_{-\mu} t^{-\mu} + \text{termes réguliers}$$
$$d\mathcal{J}' = \left(c_0 + c_1 t + \cdots\right) dt$$

Le coefficient de t^{-1} dans $\mathcal{J}\, d\mathcal{J}'$ devient donc

$$a_{-1} c_0 + a_{-2} c_1 + \cdots + a_{-\mu} c_{\mu-1}$$

et (7) donne

$$(8) \qquad -q_k = 2\pi i \sum_P \left(a_{-1} c_0 + a_{-2} c_1 + \cdots + a_{-\mu} c_{\mu-1}\right)$$

d'où

THEOREME 3. L'intégrale $\mathcal{J}$, normé par $p_k=0$, représente une fonction uniforme u si les h conditions

$$(9) \qquad \sum_P \left(a_{-1} c_0 + \cdots + a_{-\mu} c_{\mu-1} \right) = 0$$

sont remplis pour les g différentielles élémentaires de 1er espèce $d\mathcal{J}_1'$,...,$d\mathcal{J}_g'$.

Le nombre de ces équations est g. Il y a dépendance entre les équations (9) s'il existe une différentielle de première espèce $d\mathcal{J}'$, combination linéaire de $d\mathcal{J}_1',\ldots,d\mathcal{J}_g'$, pour laquelle on a

$$(10) \qquad c_0 = 0, \cdots, c_{\mu-1} = 0 \qquad \text{pour tout P.}$$

: Les conditions (10) expriment que la différentielle $d\mathcal{J}'$ a des zéros d'ordre μ au moins à toutes les places P. Le nombre de dépendences entre les g équations (9), c.à.d. l'indice de spécialité i, est donc égal au nombre de différentielles de première espèce $d\mathcal{J}'$ lin.ind. ayant des zéros d'ordre μ aux pôles P.

Ceci étant, la formule (4) nous donne le nombre de fonctions u linéairement indépendantes ayant des pôles d'ordre $-\mu$ seulement aux points P, le nombre total des pôles étant $n'=\sum \mu$.

Lection 3.

DEMONSTRATION ALGEBRIQUE DE L'INEGALITE

1. On démontre disément le principe d'indépendance des valuations.

Etant données des coefficients c_i en nombre fini pour un nombre fininde places P, il existe toujours des fonctions u dont le développement, pour ces places, commence par

$$c_0 + c_1 \pi + \cdots + c_h \pi^h$$

ou bien, pour f $>$ 1, par

$$\left(c_{01} v_1 + \cdots + c_{0f} v_f\right) + \cdots + \left(c_{\ell 1} v_1 + \cdots + c_{\ell f} v_f\right)\pi^h$$

2. Soit z une fonction non costante, que nous prenons pour variable indépéndante. Le degré n de K par rapport à k(z) est fini:

$$\left(K : k(z)\right) = n$$

Soit $(z)=ND^{-1}$ le diviseur de z, le numératéur N consistant des zéros et le dénominateur D des pôles de z. Nous démontrons d'abord

$$n \geqslant n(N) \quad et \quad n \geqslant n(D)$$

Soit,pour fixer les idées, $N=P^3Q^2$, où P et Q sont des places de degré f=1. D'après 1., il existe des fonctions u dont le développement pour P commence par $c_0 + c_1 t + c_2 t^2$ et pour Q par $d_0 + d_1 \pi$, où t et π sont des fonctions d'ordre minimale pour les places P et Q. Choisissons pour u_i les coefficients :

$$\begin{array}{llll} \text{pour } u_1 \text{ les coefficients} & 1,0,0 \,;\, 0,0\,; \\ \text{"} \quad u_2 \text{ "} \quad \text{"} & 0,1,0 \,;\, 0,0\,; \\ \text{"} \quad u_5 \text{ "} \quad \text{"} & 0,0,0 \,;\, 0,1 \end{array}$$

Alors je dis que $u_1,\ldots,u_5$ sont linéairement indépendants par rapport a k(z). Car s'il y a dépendance linéaire

(1) $$f_1(z) u_1 + \cdots + f_5(z) u_5 = 0$$

nous pouvons supposer que les f_i sont des pòlynomes non toutes
divisible par z. Les termes constantes $a_1,\ldots,a_5$ de ces pòlynomes ne sont donc pas tous zéro. On peut écrire (1) comme

$$(2) \qquad a_1 u_1 + \cdots + a_5 u_5 + (z) = 0$$

où les termes (z) sont des multiples de z. Développant (2) pour
la place P on obtient, puisque z est divisible par t^3:

$$a_1 \cdot 1 + a_2 \cdot t + a_3 \cdot t^2 + (t^3) = 0$$

donc $a_1 = a_2 = a_3 = 0$. De même pour Q: $a_4 = a_5 = 0$. Mais nous avons supposé
que les a_i ne sont pas tous zéro.

Dons les $u_i,\ldots,u_5$ sont linéairement indépendants, d'où $n \geqslant 5$.
Par la même méthode, on démontre généralement $n \geqslant n(N)$, et en
remplaçant z par z^{-1} on démontre de même

$$(2) \qquad n \geqslant n(D)$$

Plus tard on verra $n \leqslant n(D)$.

3. Soit $A = \prod P^a$ un diviseur, multiple de $B = \prod P^b$, donc $a \geqslant b$.
Soit M(A) le module des fonctions u multiples de A^{-1}, et l(A)
le rang de M(A). Les multiples de B^{-1} sont aussi des multiples de
A^{-1}; on a donc

$$(3) \qquad M(B) \leq M(A) \text{ et } \ell(B) \leq \ell(A)$$

Pour u dans M(A), on a des développements comme

$$(4) \qquad u = c_{-a} \pi^{-a} + \cdots + c_{-b} \pi^{-b} + \cdots$$

pour chaque place.P. Nous supposons f=1, mais on verra aussitôt
que ce n'est pas essentiel. Les conditions pour que l'élément

a de M(A) soit aussi dans M(B) sont

(5) $$C_{-a} = 0, \cdots, C_{-b-1} = 0$$

Ce sont a-b équations pour la place P, on plus généralement (a-b)f équations si P a degré f, donc en total

(6) $$\sum (a-b)f = n(A) - n(B)$$

équations linéaires pour les éléments de l'espace vectoriel M(A).
La différence entre les rangs de M(A) et M(B) est tout au plus
égal au nombre des équations (6), donc

$$n(A) - n(B) \geqslant \ell(A) - \ell(B)$$

ou

(7) $$n(A) - \ell(A) \geqslant n(B) - \ell(B)$$

pour A multiple de B.

Pour A entier, c.à.d. tous les $e \geqslant 0$, et B=1 on obtient

(8) $$\ell(A) \leqslant n(A) + 1$$

Donc l(A) est fini si A est entier, et à fortiori l(A) est
fini si A n'est pas entier.

4. Soit $u_1, \ldots, u_n$ une base de K par rapport à k(z). On peut
supposer que les u_i restent finies à tous les places où z est
fini, car si u_i a un pôle à une place où z prend le valeur fini
a, on peut multiplier u_i par $(z-a)^s$ où s est suffisamment grand,
et le pôle sera éliminé.

Soit m_i un nombre entier tel que u_i soit multiple de D^{-m_i-1}.
Un tel nombre existe, puisque u_i a des pôles seulement aux places
de D. On peut aussi définir m_i par la condition que $u_i z^{-m_i-1}$
reste fini aux places où z devient infini.

Choisissons m plus grand que tous les m_i, donc

(9)
$$m \geqslant m_i + 1$$

Les $\sum (m-m_i)$ éléments $z^{\mu} u_i (0 \leqslant \mu < m-m_i)$ sont linéairement indépendantes et dans $M(D^{-m})$, donc

$$\sum (m - m_i) \leqslant \ell(D^m) \leqslant n(D^m) + 1 \quad par\ (8)$$

ou

(10)
$$nm - \sum m_i \leqslant \ell(D^m) \leqslant mn(D) + 1$$

Pour $m \to \infty$ on trouve

(11)
$$n \leqslant n(D)$$

donc, puisqu'on a déjà (2),

(12)
$$n = n(D)$$

Substituant (12) dans (10), on obtient

$$n(D)m - \sum m_i \leqslant \ell(D^m)$$

ou

(13)
$$n(D^m) - \ell(D^m) \leqslant \sum m_i$$

Si A est un diviseur de D^m, c.à.d. D^m un multiple de A, on a, par (7)

(14)
$$n(A) - \ell(A) \leqslant \sum m_i$$

5. Nous avons vu, (12), que n(D)=n. Remplaçant z par z^{-1}, on trouve de même n(N)=n. Donc

(15)
$$n((z)) = n(N) - n(D) = 0$$

c'est à dire: <u>le nombre de zéros d'une fonction z est égal au</u>

<u>nombre de pôles.</u>

Puisque z était arbitraire, la même chose est vrai pour chaque fonction u non constante.

Les diviseurs A et uA sont appelés <u>équivalents</u>. Ils ont la même dimension l(A), car si v est un multiple de A^{-1} $u^{-1}v$ est un multiple de $(uA)^{-1}$, et conversement, donc les modules M(A) et M(uA) sont isomorphes. Donc

$$(16) \qquad \ell\left(u A\right) = \ell\left(A\right)$$

Mais A et uA ont aussi le même degré:

$$(17) \qquad n\left(u A\right) = n\left(\left(u\right)\right) + n\left(A\right) = n\left(A\right)$$

puisque n((u)) est zéro. Donc, si l'inégalité (14) est valable pour A, elle est aussi valable pour uA, et conversement. Or, elle est valable pour les diviseurs de D^m. D'autre part, chaque diviseur A est équivalent à un diviseur de D^m, car si A a des zéros pour z fini, p.ex. pour z=a, on peut multiplier A par $(z-a)^{-s}$ de sorte que les zéros disparaissent. On obtient un diviseur équivalent uA ayant des zéros seulement à l'infini, et ce diviseur uA divise D^m, si m est suffisamment grand. Alors (14) est valable pour uA et par suite pour A. Nous avons donc, tenant compte de (8),

$$(18) \qquad -1 \le n\left(A\right) - \ell\left(A\right) \le \sum m_i$$

pour tous les diviseurs A sans exception.

6. Soit g-1 la limite supérieure de la différence n(A)-l(A). D'après (18), g est un entier non négatif. La définition de g est invariante: elle ne dépend que des corps K et k. Si on suppose que k est algébriquement fermé dans K, c.à.d. que tous les éléments de K qui sont algébriques par rapport à k sont dejà dans k, alors g est uniquement déterminé par k et le <u>genre</u> g ne

dépend que de K. D'après la définition de g, on a toujours

$$n(A) - \ell(A) \leq g - 1$$

d'où la **moitié Riemannienne du théorème de Riemann-Roch**?

(19) $$\ell(A) \gtrsim n(A) - g + 1$$

Lection 4.

VECTEURS, COVECTEURS ET DIFFERENTIELLES

1. Par un **vecteur** V, nous entendons un système de séries
de puissances formelles, une pour chaque place P:

(1) $$\sum a_{jP} \pi^j$$

sous la seule condition qu'il n'y a qu'un nombre fini de coefficients
$a_{jP} \neq 0$ où j est négatif. Parmi les vecteurs V on retrouve les fonctions u du corps K, car ces fonctions peuvent être développées, à
chaque place P, en des séries de puissances (1), et elles n'ont
qu'un nombre fini de pôles. Dans le cas où $f > 1$ on doit remplacer.
comme toujours, chaque coefficient a_{jP} par une somme $c_j v_1 + \ldots + c$.

Par un **covecteur** Ω nous entendons un système de coefficients
α_{kP}, sous la seule condition qu'il n'y a qu'un nombre fini de
coefficients $\alpha_{kP} \neq 0$ à index négatif k. Dans le cas $f > 1$ on doit
remplacer chaque coefficient α_{kP} par un système $\gamma_{k1}, \ldots \gamma_{kf}$ de
coefficients. Parmi les Ω se trouvent les différentielles classiques:

(2) $$\omega = v\, dz = v \frac{dz}{dt} dt = \left(\sum \alpha_{kP} t^k \right) dt$$

Le **produit scalaire** $V.\Omega$ d'un vecteur et d'un covecteur
est défini par

$$(3) \quad (V.\,\Omega) = \sum_P \sum_{j+k=1} a_{jP}\,\alpha_{kP}$$

Example: Si V est une fonction u et si Ω est une différentielle v d z, on peut former la somme des résidus de u v d z. On a

$$u(v\,dz) = \left(\sum a_{jP}\,t^j\right)\left(\sum \alpha_{kP}\,t^k\right)dt$$

Le coefficient de t^{-1} dans ce produit est la somme finie

$$\sum_{j+k=-1} a_{jP}\,\alpha_{kP}$$

La somme de tous les résidus est donc 2π i fois le produit scalaire (3). Or, on sait que dans la théorie classique cette somme est nulle pour toutes les différentielles.

Si $f > 1$ on a a remplacer, dans (3), le produit $a_{jP}\,\alpha_{KP}$ par la somme

$$c_{j1}\gamma_{k1} + \cdots + c_{jf}\gamma_{kf}$$

qui est le produit scalaire du vecteur $c_{j1}v_1 + \ldots + c_{jf}v_f$ dans l'espace vectoriel k_P avec le covecteur $(\gamma_{k1}, \ldots, \gamma_{kf})$ de l'espace dual.

2. Nous avons cu qu'on a pour tout diviseur B

$$\ell(B) \geq n(B) - g + 1$$

On peut donc écrire

$$\ell(B) = n(B) - g + 1 + i(B)$$

On appelle i(B) <u>l'indice de spécialité</u> du diviseur B. Si $i(B) > 0$, le diviseur B est <u>spécial</u>.

Soit A $= \prod P^e$ multiple de B $= \prod P^d$ $(e \geq d)$, donc $M(B) \subseteq M(A)$. Dans M(A), M(B) est défini par les $n(A) - n(B)$ relations

                    B.L.Van der Waerden

$$(4) \qquad a_{jP} = 0 \qquad \left(j = -e, \cdots, -d-1 \right)$$

où les a_{jP} sont les coefficients de développement d'une fonction
u dans M(A):

$$u = \sum_{-e}^{\infty} a_{jP} \Pi^{j}$$

Supposons que A soit non spécial, donc

$$(5) \qquad \ell(A) = n(A) - g + 1$$

et que B ait l'indice de spécialité i(B):

$$(6) \qquad \ell(B) = n(B) - g + 1 + i(B)$$

Si les équations (4) étaient indépendants, on aurait

$$\ell(A) - \ell(B) = n(A) - n(B)$$

mais l(B) est plus grand de i(B), donc il y a i(B) relations

$$(7) \qquad R(a_{jP}) = 0$$

entre les équations (4), relations qui sont satisfaits pour tout
vecteur u de M(A). Les $R(a_{jP})$ sont des fonctions linéaires des a_{jP}.
On pourrait les écrire comme $\sum a_{jP} \alpha_{jP}$, où j va de $-e$ à $-d-1$,
mais je préfère les écrire dans la forme

$$(8) \qquad R(a_{jP}) = \sum_{P} \sum_{-e}^{-d-1} a_{jP} \alpha_{-j-1,P} = \sum_{P} \sum_{j+k=-1} a_{jP} \alpha_{kP}$$

3. Remplaçons A par un multiple

$$A' = \Pi P^{e'} \qquad (e' \geq e)$$

On aura de nouveau i(B) relations

$$(9) \qquad R'(a_{jP}) = \sum_{P} \sum_{j+k=-1} a_{jP} \alpha'_{kP} = 0 \qquad (-e' \leq j < -d)$$

satisfaits par toutes les u dans M(A'). Les R', ou plutôt les
systèmes de coefficients α'_{kP}, forment un espace linéaireà i(B)
dimensions, puisqu'il y a i(B) relations linéairement indépendants.
A chaque relation R' correspond une relation R, qu'on obtient
en omettant les termes avec $-e' \leqslant j < -e$ qui n'ont pas d'importan-
ce pour M(A). L'application R'$\to$ R est un homeomorphisme. Aucune
R(ne donne R=0, car autrement on aurait une relation R'$(a_{jP})=0$
contenant seulement des termes $a_{jP} \alpha_{kP}$ $-e' \leqslant j < -e$, et on
 aurait

$$\ell(A') - \ell(A) < n(A') - n(A)$$

ce qui est impossible, puisque A et A' sont non spéciales.

L'application R'$\to$ R est donc un isomorphisme. Les dimensions des deux espaces vectorielles étant égales, on a donc une
application _sur_ l'espace des R. D'où le _théorème_:

4. _Chaque R a une seule continuation R'._

En continuant indéfiniment, on obtient i(B) covecteurs
$\omega = (\alpha_{kP})$ avec $k \geqslant d$ tel que

$$(10) \qquad (u \cdot \omega) = 0 \qquad\qquad \text{pour tout u dans K}$$

Car toute fonction u dans le corps K est un multiple d'un
diviseur A^{-1} convenablement choisi tel que A soit multiple de B.
On peut toujours remplacer A par son multiple A': la relation (10)
reste la même.

5. Un covecteur ω ayant la propriété (10) est appelé une
différentielle. Examples: les différentielles classiques $\omega = v\mathrm{d}z$:

$$(u \cdot \omega) = \sum \mathrm{R\acute{e}s}\, u\, v\, \mathrm{d}z = \sum_{P} \sum_{j+k=-1} a_{jP} \alpha_{kP} = 0$$

Un covecteur Ω et un _multiple_ de $B = \prod P^d$, si $k \geqslant d$ pour
tout $\alpha_{Pk} \neq 0$. Les i(B) covecteurs construits au moyen des relations
R et R' ont cette propriété. Donc:

<u>i(B) est le nombre de différentielles ω linéairement</u>
<u>indépendantes multiples de B.</u>

Lection 5.

LE THEOREME DE RIEMANN-ROCH

1. Nous avons trouvé la formule

$$(1) \qquad \ell(B) = n(B) - g + 1 + i(B)$$

où i(B) est le nombre des différentielles linéairement indépandantes multiples de B.

Fainsons deux applications. D'abord, posons B=1. Les différentielles multiples de 1, c.à.d. sans pôles, sont les <u>différentiel les de première espèce.</u> On a l(1)=1, car les seules fonctions sans pôles sont les constantes, et n(B)=0, donc, d'après (1),

$$i(1) = g$$

c'est à dire:

<u>Le nombre de différentielles de première espèce linéaire-</u>
<u>ment indépendante est g.</u>

Posons maintenant $B=P^{-1}$, où n est un entier positif. On a alors l(B)=0, puisqu'il n'y a pas de fonctions dans pôles ayant un zéro à P. Si f est le degré de P, on a n(B)=-fn, donc

$$(2) \qquad i(B) = \ell(B) - n(B) + g - 1 = fn + g - 1$$

2. Le covecteur $u\,\Omega$ est défini par

$$(3) \qquad \left(V \cdot u\,\Omega\right) = \left(Vu \cdot \Omega\right) \qquad \text{pour tout vecteur V}$$

C'est à dire: on forme le produit scalaire (Vu.Ω), qui est une forme linéaire des coefficients a_{jP} du vecteur V. Le coefficient de $a_{-k-1,P}$ dans cette forme est α_{kP} de u   .

Si ω est une différentielle, u ω l'est aussi:

$$\left(v \cdot u\,\omega\right) = \left(v u \cdot \omega\right) = 0 \qquad \text{pour chaque v}$$

3. On démontre deux lemmes.

LEMME 1. Si Ω est multiple de B$=\prod P^d$, on a $(V.\Omega)=0$ pour tout vecteur V multiple de B^{-1}, et conversement, si $(V.\Omega)=0$ pour tout V multiple de B^{-1}, Ω sera multiple de B.

Soit $\Omega = \alpha_{kP}$. Si tous les k sont $\geqslant$ d, on a

$$\left(V.\,\Omega\right) = \sum_{j+k=-1} a_{jP}\,\alpha_{kP} = 0 \qquad \text{si les } j \geqslant -d$$

et conversement.

LEMME 2. Si Ω est multiple de B, alors u Ω est multiple de u B.

Soit $(V.\Omega)=0$ si V est multiple de B^{-1}.

Alors $(Vu.\Omega)=0$ si Vu est multiple de B^{-1}, ou bien, d'après la définition (3)

$$(V.\,u\,\Omega) = 0 \qquad \text{si V est multiple de}$$
$$B^{-1}u^{-1}=(u\,B)^{-1}$$

4. Le diviseur maximum dont Ω est multiple, c.à.d. le diviseur $\prod P^e$ à exposants maximaux dont Ω est multiple, est appelé le diviseur D_Ω de Ω. Il peut se passer que D_Ω a une infinité de facteurs P^e. Nous verrons plus tard que pour une différentielle ω cela est impossible: le degré de D_ω est fini et égal à 2g-2.

Une conséquence immédiate du lemme 2 est: Si D_ω est le diviseur de ω, uD_ω est le diviseur de uω.

La définition même de D_ω implique:

Si ω est multiple de B, D_ω est multiple de B.

5. Soit ω une différentielle $\neq 0$. Nous montrons: <u>Toutes les différentielles sont multiples de ω</u>.

<u>Démonstration</u>. Si θ n'est pas $= u\omega$, on a

$$u\omega \neq v\theta \qquad \text{pour toute u et } v.$$

Choisissons B$= P^{-n}$. D'après (2), le nombre de différentielles multiples de B est

$$i(B) = g + fn - 1$$

Or, quels $u\omega$ sont multiples de B?
Si $u\omega$ est multiple de B,
$\qquad \omega$ "   "   " u^{-1}B (Lemme 2)
donc D_ω "   "   " u^{-1}B
donc uD_ω "   "   " B
donc u "   "   " $BD_\omega^{-1} = (B^{-1}D_\omega)^{-1} = (P^n D_\omega)^{-1}$
Le nombre de ces u lin.ind. est

$$(4) \qquad \ell(B^{-1}D_\omega) \geqslant fn + n(D_\omega) - g + 1$$

De même, le nombre des $v\theta$ lin.ind. multiples de B est

$$(5) \qquad \ell(B^{-1}D_\theta) \geqslant fn + n(D_\theta) - g + 1$$

Mais le nombre total des différentielles lin.ind. multiples de B$=P^{-n}$ n'est que g+n-1. On aurait donc

$$(6) \qquad g + fn - 1 \geqslant 2fn + n(D_\omega) + n(D_\theta) - 2g + 2$$

ce qui est impossible pour n grand.

Donc toutes les différentielles sont multiples de ω, et on a

$$(7) \qquad g + fn - 1 \geqslant fn + n(D_\omega) - g + 1$$

d'où

$$(8) \qquad n\left(D_\omega\right) \le 2g - 2$$

L'inégalité (8) montre que D ne contient qu'un nombre fini de points.

Dans le cas classique on peut choisir ω =dz et on voit que toutes les différentielles au sens de Weil sont de la forme udz.

6. Soit B un diviseur arbitraire. Le nombre des différen= tielles lin.ind. multiples de B est i(B). D'autre part, d'après la calculation précédente, le nombre est $l(B^{-1}D_\omega)$. On a donc

$$(9) \qquad i\left(B\right) = \ell\left(B^{-1} D_\omega\right)$$

Substituant (9) dans (1), on obtient le <u>Théorème de Riemann-Roch</u>:

$$(10) \qquad \ell\left(B\right) = n\left(B\right) - g + 1 + \ell\left(B^{-1} D_\omega\right)$$

<u>Lection 6.</u>

<u>COMPLEMENTS ET EXAMPLES.</u>

A. <u>Détermination effective du genre g.</u>

Dans la démonstration de Weil, que nous avons reproduite, le genre g a été défini comme une limite supérieure.

La démonstration originelle de F.K.Schmidt, dont dérive cel-le de Weil, a l'avantage de donner une formule explicite pour g.

Il sera utile d'expliquer cette formule. Alors on verra plus clairement, comment Weil a trouvé sa démonstration.

Dans la démonstration de Weil on a choisi une base $(u_1,...u_n)$ telle que les u_i restent finies à toutes les places où z est fini, et on a déterminé les nombres $m_i + 1 = \gamma_i$ de sorte que $u_i z^{-\gamma_i}$ reste fini aux places où z devient infini.

Or, d'après Schmidt, si u_1 est choisie tel que γ_1 soit

minimal, et u_2 linéairement indépendant de u_1 tel que   soit minimal, etc., alors les $\sum (m-m_i)$ éléments

$$z^\mu u_i \qquad (0 \le \mu \le m - \gamma_i)$$

forment une base de $M(D^m)$. On aura donc non seulement, comme
auparavant , une inégalité pour $l(D^m)$, mais une inégalité

(1)
$$\sum (m - m_i) = \ell (D^m)$$

qui nous servira à déterminer g.

Appelons une fonction u __entière__, si u reste fini pour z
fini. Les fonctions entières forment un __anneau E__.

Dar Deg(u), on degré de u, nous dénotons l'entier γ minimal
tel que $uz^{-\gamma}$ reste fini pour $z=\infty$. On aura

(2)   Deg $(u+v) \le$ Max (Deg u, Deg v)

(3)   Deg uv $\le$ Deg u + Deg v

Si u est un polynome $f(z)$, le degré est le degré ordinaire.

Or, soit u_1 choisi dans E tel que Deg $u_1 = \gamma_1 =$ minimal, et
u_2 dans E, linéairement indépendant de u_1, tel que Deg $u_2 = \gamma_2 =$
$=$minimal, et ainsi de suite jusqu'à u_n. Evidemment, on aura
$\gamma_1 \le \gamma_2 \le \cdots \le \gamma_n$. Nous prouvons:

__1. Les u_i forment une base de E. par rapport à k [z]__ è

__Démonstration.__ Chaque u peut être écrite dans la forme

(4)
$$u = \sum \varphi_i \, u_i = \sum \left(f_i + \frac{g_i}{h_i} \right) u_i$$

où les φ_i sont des fonctions rationelles de z, et où les $f_i ; g_i$
et h_i sont polynomes tel que

(5)
$$Deg (g_i) < Deg (h_i) \quad ou \quad g_i = 0$$

De (4), on déduit, si les g_i ne sont pas tous =0,

$$(6) \qquad u' = u - \sum f_i u_i = \sum_1^k \frac{g_i}{h_i} u_i$$

où k est le dernier index ayant la propriété $g_k \neq 0$.

Dans (6), la première réprésentation de u montre que u est dans E. La seconde montre que u' est linéairement indépendant de $u_1, \ldots, u_{k-1}$ et que Deg $(u') < \gamma_k$.

Mais ceci est impossible, puisque $\gamma_k =$Deg(u_k) était minimal. Donc tous les g_i doivent être ééro et on a

$$(7) \qquad u = \sum f_i u_i$$

ce qui prouve l'assertion

2. <u>Si (7) est vrai, on a</u>

$$(8) \qquad Deg(u) = Max \cdot (Deg(f_i) + \gamma_i)$$

<u>Démonstration.</u> Le maximum dans (8) soit γ . De (7), (2) et (3) on déduit Deg(u)$\leq \gamma$. Donc, si (8) n'est pas vrai, on aura Deg (u) $< \gamma$.

Par la définition même de γ , on a

$$(9) \qquad Deg(f_i) \leq \gamma - \gamma_i$$

Posons

$$(10) \qquad f_i = g_i + c_i z^{\gamma - \gamma_i} , \quad Deg(g_i) < \gamma - \gamma_i$$

Les c_i ne sont pas tous zéro, puisque γ était le maximum de Deg(f_i)+ γ_i. Substituant (10) dans (7), on obtient

$$(11) \qquad u - \sum g_i u_i = \sum c_i z^{\gamma - \gamma_i} u_i$$

où k est le dernier index tel que $c_k \neq 0$.

Le degré du membre gauche de (11) est $< \gamma$. En multipliant par $z^{-\gamma + \gamma_K}$, on obtient un élement u' d'un degré $< \gamma_K$:

$$u' = \sum_1^K c_i z^{\gamma_K - \gamma_i} u_i = \cdots + c_K u_K$$

De nouveau, u' est dans E, linéairement indépendant de $u_1, \ldots, u_{k-1}$, et son degré est moindre que γ_K, ce qui est impossible. Donc (8) doit être vrai.

3. Par conséquence, si l'on veut que u soit divisible par D^{-m}, c'est à dire que $Deg(u) \leq m$, on doit choisir, dans (7), pour f_i un polynome d'un degré $\leq m - \gamma_i$:

$$(12) \qquad f_i = \sum c_{i\mu} z^\mu \quad \text{avec} \quad 0 \leq \mu \leq m - \gamma_i$$

Cela veut dire; les fonctions

$$(13) \qquad z^\mu u_i \qquad (0 \leq \mu \leq m - \gamma_i)$$

en nombre $\sum (m - \gamma_i + 1) = \sum (m - m_i)$, forment une base de $M(D^m)$, si les m_i sont tous $\leq m$.

On aura donc, pour m suffisamment grand,

$$\ell(D^m) = \sum (m - m_i) = nm - \sum m_i$$

ou

$$(14) \qquad n(D^m) - \ell(D^m) = \sum m_i$$

De plus, on a toujours, comme nous l'avons vu

$$(15) \qquad n(A) - \ell(A) \leq \sum m_i$$

La limite supérieure de $n(A) - l(A)$ est donc $\sum m_i$, et on aura

(16)
$$g - 1 = \sum m_i$$

B. **Un exemple.**

Soit K=k(z,w), où

$$w = \sqrt{(z - e_1)(z - e_2)(z - e_3)}$$

Une fonction u_1 à degré minimal est la constante 1.

Une fonction u linéairement indépendante de u_1 doit avoir la forme

(17)
$$u = \varphi + w\psi$$

Si u est entière, la fonction conjugée u'= $\varphi - w\psi$ est aussi entière, donc la somme et le produit

$$u + u' = 2\varphi$$
$$u u' = \varphi^2 - w^2\psi^2$$

sont des fonctions rationnelles de z, qui restent finies pour z fini, c.à.d. des polynomes en z.

Supposons d'abord que la caractéristique du corps k ne soit pas 2. Alors φ doit être un polynome en z et on voit aisément que ψ le doit être aussi. On aura donc

(18) $u = f+wg$ $g \neq 0$

Le degré de w est 2, car w/z^2 est fini à l'infini, mais w/z ne l'est pas. Il s'ensuit que le degré minimal de f+wg est 2, et le minimum est atteint si l'on choisit u=w. La base normale est donc

$$u_1 = 1 \quad , \quad u_2 = w$$

Les degrés sont

$$\gamma_1 = 0 \quad , \quad \gamma_2 = 2$$

et on a

$$g - 1 = m_1 + m_2 = (\gamma_1 - 1)(\gamma_2 - 1) = 0$$

c'est à dire g=1.

Soit maintenant k un corps à caractéristique 2. Alors la courbe

$$(19) \qquad w^2 = (z - e_1)(z - e_2)(z - e_3) = z^3 + a z^2 + b z + c$$

a un point double, qu'on trouve par la méthode bien connue en solvant les équations $F_z = F_w = 0$. Or, l'équation $F_w = 0$ est satisfaite identiquement et on n'a qu'une équation $F_z = 0$ ou

$$(20) \qquad z^2 = b$$

L'équation (20) a une solution unique

$$(21) \qquad z_0 = \sqrt{b} \quad , \quad w_0 = \sqrt{ab + c}$$

qui représent le point double de la courbe.

Or, nous avons à distinguer deux cas:

<u>Cas a)</u>. Les coordonnées (21) sont dans le corps k. Alors la fonction

$$\mu_2 = \frac{w - w_0}{z - z_0}$$

est entière et a le degré 1.

On a donc $\gamma_1 = 0$, $\gamma_2 = 1$, d'où g=1=-1.

Le genre est donc 0, ce qui n'est pas étonnant, puisque la courbe (19) est une cubique à point double, donc rationelle.

<u>Cas b)</u>. Les coordonnées (21) ne sont pas dans k. Alors une fonction de degré 1 n'existé pas et la base normale sera de nouveau $u_1 = 1$, $u_2 = w$. Le genre devient 1, comme dans le cas classique.

Ce qui est très étonnant dans ce cas pathologique, c'est que le genre s'abaisse lorsque le corps des constantes k est remplacé par $k_o = k(z_o, w_o)$.

C'est à dire, il y a des différentielles ω au sens de Weil qui annulent toutes les fonctions u de k (z,w), mais qui n'annulent pas toutes les fonctions de $k_o(z,w)$.

Lection 7.

LA CLASSE CANONIQUE

Dans le théorème de Riemann-Roch

$$(1) \qquad \ell(B) = n(B) - g + 1 + \ell\left(B^{-1} D_\omega\right)$$

mettons B=1. Nous trouvons

$$1 = -g + 1 + \ell\left(D_\omega\right)$$

d'où

$$(2) \qquad \ell\left(D_\omega\right) = g$$

Mettons $B=D_\omega$, et nous trouvons

$$g = n\left(D_\omega\right) - g + 1 + 1$$

ou

$$(3) \qquad n\left(D_\omega\right) = 2g - 2$$

Y a-t-il d'autres diviseurs B ayant dimension l(B) $\geqslant$ g et degré n(B)=2g-2?

Si l(B) $\geqslant$ g et n(B)=2g-2, la formule (1) donne

$$(2g-2) - g + 1 + \ell\left(B^{-1} D_\omega\right) \geqslant g$$

$$\ell\left(B^{-1} D_\omega\right) \geqslant 1$$

; Il y a donc une fonction u multiple de BD^{-1}. Puisque le

31

degré de ce diviseur est nul, le diviseur de u doit être
exactement BD_ω^{-1}. On a donc

$$BD_{\bar\omega}^{-1} = (u)$$

d'où

$$B = u\,D_\omega$$

Il n'y a donc qu'une seule classe de diviseurs équivalents
ayant dimension l(B) $\geqslant$ g et n(B)=2g-2, savoir la classe des diviseurs uDω équivalents à Dω. La dimension l(B) est =g.

On appelle cette classe la classe canonique W.

Pour la determination effective de la classe canonique W il
y a diverses méthodes, par example:

1. On cherche le diviseur d'une différentielle udz, par
example de dz.

2. Suivant Dedekind et Weber (Crelle 192) on peut déterminer
la différente du corps K par rapport à k(z). La différente est
l'idéal dans E généré par toutes les expressions

$$\left(u - u^{(2)}\right)\left(u - u^{(3)}\right) \cdots \left(u - u^{(n)}\right)$$

où u varie dans E et où u, $u^{(2)},\ldots,$ $u^{(n)}$ sont les conjugées de
u. Si B est le diviseur de la différente et D le dénominateur de
z, BD^{-2} est un diviseur de la classe canonique (en effet c'est
le diviseur de dz).

3. Les méthodes 1. et 2. marchent seulement si K est sé-
parable sur k(z). Mais F.K. Schmidt a défini une pseudo-différence
qui est définie dans tous les cas. La pseudo-différente est
construite au moyen des bases complémentaires . Si $(u_1,\ldots,u_n)$ est
une base de K sur k(z), une base complémentaire $(v_1,\ldots,v_n)$ est
définie par les formules:

$$u\,u_k = \sum u_j\,\varphi_{jk}$$
$$u\,v_k = \sum v_j\,\varphi_{kj}$$

4. On peut aussi se servir, comme Noether, des adjointes

d'ordre n-3 d'une courbe plane d'ordre n.

5. Plus généralement, on peut chercher de construire, par des moyens géométriques, (par example par l'intersection de la courbe C' sans points multiples avec les hypersurfaces d'un degré suffisamment élévé) des séries complètes de groupes de points de la courbe. Si on trouve, parmi ces séries, une série de degré 2g-2 et de dimension géométrique g-1, on est sûr que c'est la série canonique.

6. On peut aussi considérer le produit C x C de la courbe avec soi-même. Sur cette surface , soit D la diagonale, et soit D' un diviseur équivalent à D. Alors l'intersection D. D4 est un diviseur de la classe -W sur D. Cette définition de W est de Severi. En se basant sur cette définition, André Weil a donné une autre démonstration du Théorème de Riemann-Roch (voir son livre Sur les courbes algébriques et les variétés qui s'en déduisent).

<u>Remarque finale.</u>

La démonstration du théorème de Riemann-Roch, donnée ici, est aussi valable pour des corps K non-commutatifs. Il suffit de supposer:

(1) que k est dans le centre de K

(2) que $(K:k(z))$ est fini pour un z qui n'est pas dans k.

En effet, dans toute la démonstration, on n'a pas fait usage de la loi commutative de la multiplication. C'est Witt qui a fait cette remarque; on trouve la citation dans le mémoire cité de F.K. Schmidt (Math. Zeitschr. 41).

Le théorème de Riemann-Roch est aussi valable pour un anneau K qui est une somme directe de corps $K_1 + \ldots + K_s$, on dans la terminologie géométrique, pour une courbe reductible $C_1 + \ldots + C_s$. Cette observation est due à Severi. Pour le genre on la formule

$$g-1 = (g_1 - 1) + \ldots + (g_s - 1).$$

<u>F R A N C E S C O</u> <u>S E V E R I</u>

(I corso di Varenna-29 giugno-8 luglio 1955)

———

DEL TEOREMA DI RIEMANN-ROCH PER CURVE,SUPERFICIE E VARIETA'.LE ORIGINI STORICHE E LO STATO ATTUALE.

———

Roma-Istituto Matematico dell'Università 1955-ROMA

DEL TEOREMA DI RIEMANN-ROCH PER CURVE,SUPERFICIE E VARIETA'. LE ORIGINI STORICHE E LO STATO ATTUALE.

$1.

DEL TEOREMA SOPRA UNA CURVA

1. Analiticamente trattasi del numero delle costanti essenziali lineari da cui dipende una funzione razionale φ del punto d'una curva algebrica irriducibile C (per semplicità, non sempre per necessità, supposta non singolare in uno spazio lineare conveniente) posto che sia dato il gruppo G dei poli (o degli zeri o dei punti di assegnato livello) della φ . Questo numero è espresso da n-p+i, ove n è il numero dei punti del gruppo (contando ogni punto con la sua molteplicità o ordine, quale polo); p il genere riemanniano di C e i l'indice di specialità del gruppo, cioè il numero dei gruppi canonici linearmente indipendenti, che lo contengono (con le relative molteplicità).

Tale è il teorema, dato nella sostanza da RIEMANN e completato da ROCH, verso la metà del secolo XIX [1] .

Geometricamente (BRILL e NOETHER), n-p+i è la dimensione r della serie lineare completa $|G|$. Se la serie non è speciale (il che si verifica certo se $r > p-1$ o $n > 2p-2$) è i=0; e viceversa.

Accenno di volo, perchè del teorema R.R. sulle curve ha trattato, nella presente circostanza, VAN DER WAERDEN.

Fra le vie geometriche per conseguire il teorema, due, indicate rispettivamente in miei lavori del 1920 (metodo rapido) [2] e del 1952 [3] , son particolarmente adatte al loro trasporto a corpi di funzioni algebriche d'una variabile, ove i corpi delle costanti sieno più generali di quello complesso.

Così CHOW [4] ha usato il metodo rapido per dimostrare il teorema R.R. quando il corpo delle costanti è perfetto e GRÖBNER

[5] quando è algebricamente chiuso. L'ultimo autore ha anche
dato una dimostrazione intrinseca del teorema R.R., ammettendo
però di conoscer già sulla curva l'esistenza di qualche serie linea
re avente ordine e dimensione della serie canonica (in realtà
basta di meno [6] ; basta cioè supporre l'esistenza d'una serie
speciale d'ordine 2p-2).

Una dimostrazione del teorema R.R. di tipo topologico è
dovuta a ZARISKI [7] sul fondamento della ipotesi stessa di
GRÖBNER. Dimostrazioni del teorema R.R. per corpi qualunque di
costanti son dovute a P.K.SCHMIDT [6] ed a A.WEIL [9] . La dimostrazione di quest'ultimo semplifica quella di SCHMIDT, tenuto
conto del concetto del metodo rapido.

Infine il mio discepolo VESENTINI [6] ha eliminato intrinse-
camente l'ipotesi di GRÖBNER -ZARISKI, completando così il quadro
delle proprietà fondamentali di geometria sopra una curva, secondo il mio disegno del 1952, e vi ha adattato altresì la vecchia
dimostrazione del teorema R.R. data da CASTELNUOVO sulla base di
una formula numerativa di SCHUBERT (ved. il Trattato citato in [2]
pagg. 250-54).

Circa un teorema R.R. sulle serie abeliane, che estendono
sulle curve la nozione di serie lineare [ved. 35,p.388], si
vegga la mia Memoria [35 , p.392].

Così ho finito di esporre, in sintesi, lo stato della questio
ne, nei riguardi del teorema R.R. sulle curve. Passiamo ora alle
superficie.

$$\S\ 2$$

DEL TEOREMA SOPRA UNA SUPERFICIE

2. Ci riferiamo ad un modello della superficie F senza
singolarità in un conveniente iperspazio (ancorchè non sia sempre
necessario); e se avremo da riferirsi ad un modello di F nello spazio ordinario, lo supporremo dotato di singolarità ordinarie
(linea doppia, punti tripli, e punti cuspidali) come quelle che si

ottengono per proiezione generica in un S_3 d'un modello iperspe-
ziale non singolare.

Salvo ulteriori estensioni ai sistemi d'equivalenza delle
varie specie, di cui poi diremo, si tratta anche qui, analiticamente, del numero delle costanti lineari essenziali, che figura-
no in una funzione razionale del punto di F, quando della funzione stessa sia assegnata la curva polare, eventualmente riducibile e con componenti di varie molteplicità.

Geometricamente, si tratta della dimensione r d'un siste-
ma lineare completo $|C|$, individuato da una sua curva "totale"
C ("specializzazione" della curva generale del sistema, nella
terminologia di E.NOETHER-VAN DER WAERDEN).

Nella geometria sopra una superficie il teorema R.R. adem-
pie all'ufficio analogo a quello che spetta al teorema stesso
sopra una curva. L'ufficio è analogo e di grande importanza; però non ha importanza quasi culminante, come sopra una curva. E'
un decisivo punto di passaggio, piuttosto che un punto d'arrive.
Personalmente, riferire su questo teorema è come rivivere quasi
tutta la mia vita ultra semisecolare di geometra algebrista,
perchè cominciai ad occuparmene in una Nota lincea del 1903 [10]
e ne ho considerato gli svariati aspetti e ripercussioni, si
può dire fino ad oggi, in decine e decine di Note e Memorie.

$$= \,^{o} =$$

Il primo abbozzo di risoluzione del problema spetta a
NOETHER [11] . Riferisco, perchè è istruttivo, il ragionamente
che la breve esposizione del grande geometra presuppone, usando,
ben s'intende, il linguaggio algebrico-geometrico moderno, più
completo e più preciso.

Sia $|C|$ su F un sistema lineare completo ∞^r $(r \geqslant 1)$, pri-
vo di punti base, a curva generica C irriducibile; e sieno n,p
il suo grado ed il suo genere effettivi, ossia il numero n dei

punti comuni a due C variabili nel sistema ed il genere riemanniano p della generica C. La <u>serie caratteristica</u> (secondo la denominazione di C.SEGRE) del sistema, sulla generica C, è la serie lineare ∞^{r-1} ivi segata dalle altre curve del sistema. Essa ha la dimensione n-p+i, espressa dal teorema R.R. su C; e, dato che le curve canoniche (impure) K di F (supposte esistenti) segano su C la serie residua della serie caratteristica rispetto alla serie canonica, risulta $i=p_g-j$, ove j è il numero delle K linearmente indipendenti che contengono parzialmente C (<u>indice di specialità</u> di C quale curva di F). Viene pertanto:

$$(1) \qquad r = n-p + p_g + 1 - j \ .$$

Due obiezioni si presentarono subito a ENRIQUES [12] e a CASTELNUOVO [13] di fronte a tale procedimento. Affermare che la serie caratteristica di |C| su C (che è priva di punti multipli) ha la dimensione n-p+i, equivale ad affermare che tale serie è necessariamente <u>completa</u> e questo non è per nulla evidente (anzi, come sappiamo e come vedremo, non è sempre vero).

Affermare che $i=p_g-j$, equivale ad affermare che il sistema |K| sega su C la serie lineare <u>completa</u> residua della serie caratteristica di C rispetto alla serie canonica; e neppure questo è evidente (anzi, come sappiamo e come vedremo, non è sempre vero).

Correttamente dall'argomentazione noetheriana può soltanto ricavarsi la relazione

$$(2) \qquad r=n - p + p_g + 1 - j - \delta + \eta \ ,$$

ove δ è la deficienza della serie caratteristica di C e η la deficienza della serie lineare staccata da |K| su C. La j=0 caratterizza i sistemi non speciali.

A priori la (2) non è neppur trasformabile in una disuguaglianza, perchè non si sa quale dei due effetti δ , η di segno contrario, abbia la prevalenza.

Però ENRIQUES [12] dimostrò nel 1893 che quando la superficie è _regolare_, ossia quando i suoi due generi, geometrico e
numerativo, p_g, p_a, sono uguali, e soltanto allora, per ogni $|C|$
completo è $\delta = 0$. Per le superficie regolari si possiede dunque,
fin d'allora, il teorema R.R. sotto la forma di disuguaglianza
(in quanto $\eta \geqslant 0$) ossia:

$$r \geqslant n-p + p_g + 1 - j \quad \text{o anche} \quad r \geqslant n-p + p_a + 1 - j.$$

Sotto quest'ultima forma la disuguaglianza vale per ogni superficie anche _irregolare_, avente cioè $p_g > p_a$. Quest'ultimo, notevo-
lissimo teorema, è di CASTELNUOVO, il quale, nella laboriosa e
ingegnosa Memoria citata del 1897 [13, Memoria degli Annali] ,
prova che la deficienza δ soddisfa alla $\delta \leqslant p_g - p_a$ e che
esistono su ogni F sistemi per cui $\delta = p_g - p_a$. Segue già da ciò
che $p_g \geqslant p_a$ e che p_a è invariante assoluto per le trasformazioni
birazionali di F, essendosi acquisito molto più facilmente, da
CLEBSCH e NOETHER in poi (1869) (e p.es. da ENRIQUES) che p_g è
pure invariante assoluto. La differenza $q = p_g - p_a$ chiamasi
la _irregolarità_ della superficie, carattere di estrema importanza, che non ha il suo analogo sulle curve.

Posto $\delta = q - \tilde{\delta}_0$ $(0 \leqslant \tilde{\delta}_0 \leqslant q)$, la (2) può scriversi

(2') $r \geqslant n-p+p_a+1-j+ \tilde{\delta}_0 + \eta$

e quindi

(3) $r \geqslant n-p+p_a+1-j$.

Il primo membro r della (3) è la _dimensione effettiva_ del
sistema lineare completo $|C|$; il secondo membro $\bar{r}$ la _dimensione_
virtuale, in quanto sarebbe uguale alla dimensione vera o effettiva, se non intervenissero cause, che abbiamo ragione di considerare perturbatrici, perchè non si verificano che per sistemi in

certo senso particolari.

La differenza $\sigma = \delta_o + \eta$, fra dimensioni effettiva e virtuale, chiamasi <u>sovrabbondanza</u> del sistema. Se $\sigma \neq 0$, epperò $\delta_2 = \eta = 0$, il sistema chiamasi <u>regolare</u>. In verità CASTELNUO-ENRIQUES riserbaho questa denominazione al caso $\sigma = 0$, j=0, mentre noi annoveriamo fra i sistemi regolari anche i sistemi speciali per cui $\sigma = 0$, perchè l'irregolarità dell sistema è essenzialmente fenomeno di altra natura.

Finora abbiamo considerato sistemi irriducibili privi di punti base; però quanto precede vale anche quando C possiede punti base assegnati, con le loro molteplicità effettive, come hanno provato gli stessi CASTELNUOVO-ENRIQUES; e come del resto risulta subito dal fatto che una trasformazione birazionale opportuna di F può mutare i punti base in curve eccezionali della superficie trasformata (senza altre eccezioni alla biunivocità della corrispondenza); e, dopo ciò, dal dato sistema ne deriva uno irriducibile, senza punti base, per cui vale il teorema R.R. Mà gli stessi Autori si sono spinti anche, in taluni casi, alle molteplicità virtuali, diverse dalle effettive, sebbene non in modo completo, perchè sarebbe loro occorso il teorema R.R. pei sistemi riducibili, che non era ancor noto in generale.

Ad ogni modo, quando il sistema possiede punti base assegnati, ed $r \geqslant 1$, e la generica C è riducibile, essa è non singolare, fuori dei punti base ed il suo grado virtuale uguaglia il grado effettivo, ossia il numero dei punti variabili comuni a due curve variabili nel sistema. Il genere virtuale è il genere riemanniano di C.

Allorchè vi sono punti base, può darsi che la sovrabbondanza dipenda soltanto dal fatto che non sono indipendenti le relazioni lineari esprimenti il passaggio delle curve del sistema pei punti base. Se il fenomeno derivasse sempre soltanto da ciò sarebbe facile penetrarne l'esistenza. Nel piano, dove, per esser $p_g = 0$, i sistemi lineari di curve son sempre non speciali,

si hanno in proposito esempi banalissimi. Così un fascio di cubi-
che ellittiche è già un sistema sovrabbondante $(n=0, p=1, p_g=0,$
$j=0, r=1, \sigma=1)$, perchè uno dei punti base è conseguenza degli 8
rimanenti, che sono arbitrari.

Quando sul fenomeno della sovrabbondanza confluiscono altre
circostanze (diverse dalle eventuali relazioni di dipendenza fra
i punti base) non è facile dare un'interpretazione espressiva
a σ , diversa da quella, immediata, offerta dalla definizione.

Se $p_g = p_a$ e quindi $\tilde{\delta}_0 = 0$ (superficie regolari) tutto riducesi a interpretare η , come ha fatto ENRIQUES in [12] . Uno
studio generale è stato tentato da CARLO ROSATI [14] , ma con
risultati di non grande rilievo. Forse oggi la condiderazione
delle forme differenziali razionali (di 1^a e di 2ª specie) an-
nesse ad F, consentirà d'andare più oltre. Così p.es. dal concetto di funzione razionale residua d'un integrale semplice di 2^a
specie avente C come curva polare [15] , risulta che $\tilde{\delta}$ è il
numero (massimo) degl'integrali semplici di 2ª specie di F una
cui combinazione lineare non si abbassa di specie; e si scrivono
anche, ma non s'interpretano facilmente, talune relazioni algebriche razionali intere fra le funzioni residue dei predetti integrali e le funzioni integrande degl'integrali semplici di 1^a specie [16] , che sono in generale q indipendenti, ma si riducono a
$\tilde{\delta}$ per la C cui s'allude: il che fa presagire qualcosa di analogo al processo riemanniano per contare le costanti d'una funzione
razionale sopra una curva.

Nel caso banale dei sistemi lineari di curve piane, con
punti base assegnati (con molteplicità virtuali uguali alle effettive) la semplice considerazione della serie caratteristica mostra
che la sovrabbondanza uguaglia l'indice di specialità della serie stessa (osservazione di C.SEGRE):

Ricerche approfondite sul teorema R.R. pei sistemi lineari
di curve piane, anche in rapporto ai punti base e ai caratteri
virtuali (la cui origine risale al geometria italiano JUNG) son

dovute a CASTELNUOVO [17] .

= ° =

A questo punto erano le cose, nei riguardi del teorema
di R.R. sulle superficie, ai principi del secolo. Mi preoc-
cupai anzitutto di pervenire al risultato di CASTELNUOVO $\delta \leqslant \varphi$,
con un procedimento meno macchinoso. Il risultato fu conseguito
con una semplicità, che sembra anch'oggi irriducibile, nella Nota
lincea del 1903 [10] e da allora questa fu la dimostrazione da
tutti adottata nelle esposizioni sistematiche della geometria
algebrica italiana (ved. p.es. in proposito il Cap.VIII di [18]
relativo al teorema R.R. sulle superficie).

Il concetto di tale semplificazione si delinea in due parole.

Assumasi a modello proiettivo di F una superficie d'ordine
m, con singolarità ordinarie in S_3. Si dimostra prima, agevol-
mente, che sulla curva C, sezione di F con una generica superficie ψ , d'ordine ℓ , le superficie d'un dato ordine <u>arbitra</u> -
<u>rio</u> passanti pel gruppo H dei nodi di C, che sono le intersezio-
ni di ψ con la linea doppia di F, segano su C, fuori di H,
una serie lineare <u>completa</u>.

Si osservi in secondo luogo che, com'è ovvio, se ℓ è abbastanza grande, le superficie d'ordine m-4 passanti pel gruppo
H contengono in conseguenza tutta la linea doppia di F (anche se
è riducibile!). D'altra parte tali superficie segano su F, fuori
della linea doppia, il sistema canonico (impuro) |K| ; epperò si
conclude che le K segan su C una serie lineare completa. Per il
sistema lineare |C| è dunque $\eta=0$. Da ciò, facilmente, tutto il
resto.

Devo segnalare inoltre che recentemente (1940) [34] ENRIQUES
ha dato una nuova ingegnosa dimostrazione del teorema R.R. sulle
superficie, per le curve irriducibili, sostituendo al lemma proiettivo del 1903, un lemma invariantivo per trasformazioni birazio-

nali. Questo modo di trattare il teorema R.R. trovasi diffusa-
mente, con molti complementi, nell'opera [28] .

= o =

Per ulteriori ricerche che m'apparivano nel 1904-05 urgen-
ti ed essenziali (teoria della base, teoria dei sistemi algebrici
irriducibili non lineari di curve su F, ecc. mi proposi successi-
vamente i seguenti problemi in relazione al teorema R.R. sulle
superficie; e li sciolsi nel 1905 , come passo ad indicare breva-
-mente.

_a_) Teorema R.R. pei sistemi lineari di curve comunque riducibili su F, in relazione altresì ai caratteri virtuali delle loro
curve totali (e ciò anche se vi sono punti base assegnati con molte
plicità virtuali diverse dalle effettive o addirittura virtualmente inesistenti).

Per questo occorre preliminarmente possedere i caratteri
virtuali (grado e genere) d'una curva C qualunque appartenente
ad F Tali caratteri erano stati definiti da CASTELNUOVO per
le curve piane [17] e da ENRIQUES sopra una superficie qualunque [12] e compiutamente in [19] .

Il grado virtuale è caso particolare del numero virtuale
d'intersezioni di due varietà di dimensione complementare in una
varietà ambiente (da considerarsi qualunque sieno i particolari
rapporti fra le due varietà, anche se in tutto o in parte coinci-
denti), quale introdussi dal 1904 in poi (ved. le citazioni a
pag. 17 di [18]). Rinvio in proposito alla mia più recente trattazione dell'argomento [20] ; argomento che è essenziale tener
presente per le questioni inerenti al teorema R.R. sulle varietà
e che perciò segnalo, presentandosi ora l'occasione.

Il genere virtuale è caso particolare del genere aritmetico
virtuale d'una varietà qualsiasi entro una varietà ambiente [21] ;

altro argomento che bisogna tener presente per il teorema R.R.
sulle varietà.

Rimando, per tali concetti (per ora, e per il seguito, dove trovano applicazione al teorema R.R. sulle varietà) alle
Memorie citate, senza arrestarmi dettagliatamente su queste nozioni, la cui circostanziale introduzione porterebbe via troppo
tempo.

Basti dire che l'espressione (3) del teorema R.R. sopra una
superficie resta immutata per i sistemi così generali come quelli sopra indicati [22] , occorrendo soltanto d'interpretare
virtualmente i caratteri n,p, che compaiono in (3).

Debbo aggiungere che un caso particolare del teorema R.R.
per i sistemi lineari trovavasi già in CASTELNUOVO-ENRIQUES
[23] , come lemma ad altri importanti scopi di quella celebre
Memoria.

Aggiungo infine che il teorema R.R., espresso mediante i
caratteri virtuali di C, vale non soltanto quando C è costituita
da componenti semplici, ma anche quando fra le componenti ve ne
sono talune multiple. In particolare vale se C è una curva
irriducibile contata un certo numero di volte. Questo dimostrai
soltanto più tardi [24] . Il teorema raggiunge così la più vasta
generalità e non ha più nessuna apparente parentela col mezzo
elementare (serie caratteristica) con cui era stato inizialmente
conseguita l'induzione di NOETHER.

b) Ma quanto precede non bastava agli scopi che mi propo-
nevo. Un passo ulteriore divenne necessario non appena il campo
delle curve d'una superficie si ampliò colla introduzione delle
curve virtuali [25] .

Se C=A-B è una curva virtuale, differenza di due curve
effettive A,B (semplici o multiple), introdotti anche per C i caratteri virtuali n,p, si pone la questione di sapere se C è
linearmente equivalente ad una curva effettiva D, ossia se
esiste una D tale che A sia linearmente equivalente a B+D; e in
quest'ipotesi occorre valutare la dimensione del sistema lineare

|C| , cioè di |D| . Orbeme, una condizione d'esistenza della D è
che il secondo membro della (3), dimensione virtuale $\bar{r}$ di |C| ,
sia $\geqslant$ 0, ossia:

(4) $n - p + p_a + 1 - j \geqslant 0;$

dopo ciò, la dimensione di |C| = |D| soddisfa ancora, natural-
mente, alla (3). L'intero j è l'indice di specialità di D, ossia
di C: è insomma il numero delle curve effettive linearmente indi-
pendenti, che appartengono al sistema |K-A+B| . Se per F è p_g=0
risulta per ogni C virtuale, come per ogni C effettiva, j=0.

La condizione $\bar{r} \geqslant$ 0 è <u>sufficiente</u> perchè esista effettiva D $\equiv$ A-B; ma essa non è sempre <u>necessaria</u>, perchè, se esiste
effettiva D $\equiv$ A-B, i caratteri virtuali n,p di D son bensì
identici agli analoghi di A-B e così j è il medesimo, in quanto
K-D $\equiv$ K-A+B; le due curve D, A-B hanno così la stessa dimensione
virtuale $\bar{r}$; però potrebbe darsi benissimo che D avesse tale
sovrabbondanza da rendere $\bar{r}$ negativa!

La condizione $\bar{r} \geqslant$ 0, ancorchè soltanto sufficiente per
l'esistenza della C nel campo effettivo, è importantissima e ricca di conseguenze, sia nella teoria della base, come nella
teoria dei sistemi irriducibili non lineari di curve di F. Ragione per la quale stimai opportuno più tardi [26] di chiamare
<u>aritmeticamente effettiva</u> (ma d'ora in poi dirò, più propriamen-
te, <u>numerativamente effettiva</u>) una curva virtuale C avente
$\bar{r} \geqslant$ 0.

Una condizione, non più numerativa, ma geometrica, perchè
A-B sia linearmente equivalente ad una curva effettiva, fu da me
data in una Nota del 1908 [27] e più dettagliatamente a pag.150
del II volume delle Lezioni [18] , già in gran parte stampato
[28] . Ecco la condizione cui alludo:

Anzitutto si dimostra che una curva virtuale C può sempre
sostituirsi linearmente con una sua <u>forma normale</u> A-B, ove A,B

so no curve generiche di sistemi lineari irriducibili, privi di
punti base, regolari, non speciali, di dimensioni comunque grandi,
in particolare di dimensioni $\geq$ q. Allora (ved. anche $\begin{bmatrix}48,n.9\end{bmatrix}$):

Condizione necessaria e sufficiente perchè esista una D
effettiva linearmente equivalente ad A-B, è che il gruppo AB sia
contenuto parzialmente nella serie caratteristica completa o
completata $\left|A^2\right|$ di A.

La condizione enunciata equivale poi a quest'altra. Oc-
corre e basta che il sistema $|B'|$ aggiunto a B seghi su A una
serie speciale. Se $s \geq 1$ è l'indice di specialità di questa
serie, la dimensione di $|A-B|$ è $s-1$.

Da questo teorema segue di nuovo, come ovvio corollario,
la condizione numerativa $\bar{r} \geq 0$, indicata sopra.

Dei problemi analoghi, riguardanti l'equivalenza di C nel
campo dell'equivalenza algebrica, tratterò più innanzi.

c)Mi trattengo prima sull'indicazione di casi molto generali in cui la (3) può trasformarsi in un'uguaglianza, ossia
$r = \bar{r}$ ed il sistema è perciò regolare.

Riferisco anzitutto sulla regolarità dell'aggiunto $|C'|$
ad un sistema lineare $|C|$. L'aggiunto è, secondo la sua defi-
nizione, sempre non speciale. Il primo teorema in proposito fu
ottenuto da PICARD nel 1905 $\begin{bmatrix}29\end{bmatrix}$ "par une voie détournée" (cioè
come un incontro fortuito nello sviluppo della teoria degl'inte-
grali semplici di 1^a specie sulla superficie F). La prima dimostrazione geometrica del teorema di Picard fu da me data nel
1908 $\begin{bmatrix}30\end{bmatrix}$; ma, mentre il risultato di Picard riguardava soltan-
to l'aggiunto al sistema $|C|$ delle sezioni piane d'un modello
F dotato di singolarità ordinarie in S_3, il mio procedimento geometrico sboccava nel teorema più generale, relativo ad un siste-
ma lineare $|C|$, virtualmente privo di punti base, individuato
da una C atta a variare in un sistema continuo, che non fosse
un fascio irrazionale.

Nel 1947 [31] pervenni inoltre alla regolarità di $|C'|$ aggiunto
ad un $|C|$, sia pure riducibile, individuato da una C connessa,
anche a componenti multiple, avente almeno una componente irriducibile C_0 (a prescindere dall'eventuale suo coefficiente di
molteplicità) a sistema aggiunto regolare. In particolare dunque
bastava che una componente C_0 fosse variabile in un sistema continuo diverso da un fascio irrazionale. Questo risultato fu estes
dal mio discepolo FRANCHETTA [32] , nel 1949, ad una C "virtualmente connessa" con una componente almeno come sopra. Infine l'al
tro mio discepolo ZAPPA [33] nel 1943 diede una dimostrazione
topologica del teorema di Picard per una superficie dello spazio ordinario, ammettente un'opportuna degenerazione in un sistema di piani.

Il massimo avvicinamento al teorema, analogo a quello va-
levole sopra una curva, circa la non specialità d'ogni serie
d'ordine n > 2p-2, fu da me ottenuto sopra una superficie col
teorema seguente [35,36,31,28] : E' non speciale, regolare, ogni
sistema lineare completo $|C|$, sopra una superficie irraziona-
le, individuato da una C irriducibile di genere virtuale p e di
grado virtuale $n > \frac{3}{2}$ (p-1).

Ecco ora altri aspetti espressivi del teorema di regolarità
dell'aggiunto, conseguiti prima che si conoscesse questo teorema.

Ogni multiplo abbastanza elevato del sistema delle sezioni
piane e iperpiane della F (reso completo se non lo è; ma lo è
sempre per multiplo elevato, quando F è non singolare) è regolare (CASTELNUOVO [13] , 1897.).

Se $|C|$ è un sistema lineare, irriducibile, privo di punti
base e di curve fondamentali, i sistemi $|C+C'|$, $|C+2C'|$,...
segano sulla generica C serie complete non speciali (sono perciò
regolari) (ENRIQUES) [19] , 1896).

= o =

Dobbiamo passare ora a questioni più elevate e complesse,
concernenti l'equivalenza algebrica, introdotta in miei lavori

dal 1904 in poi $[37,38,39]$. Rinvio sopratutto ai più recenti
$[28,40,41]$. La totalità delle curve algebriche virtuali sopra
una superficie F costituisce, rispetto alla somma, un gruppo
abeliano. Entro questo le curve virtuali del tipo A-B, con A,B
curve effettive d'un medesimo sistema algebrico irriducibile,
formano un sottogruppo G (gruppo dell'equivalenza algebrica). Due
curve virtuali C,D di F diconsi **algebricamente equivalenti**, e si
scrive $C \equiv D$ o $C-D \equiv 0$, se la curva virtuale C-D è lo zero del-
l'equivalenza algebrica, cioè s'essa è"uguale"[1] ad una curva
del sottogruppo G.

In particolare, due curve C,D dello stesso sistema algebrico irriducibile di curve (effettive o virtuali) son algebricamente equivalenti.

Un **sistema (gruppale) d'equivalenza algebrica** è un insieme
(non necessariamente algebrico o dimensionale) di curve virtuali
a due a due algebricamente equivalenti ed è individuato da una
qualunque C di esse. Lo indicheremo con ((C)). Si può anche
considerare un **sistema gruppale di equivalenza lineare**, che è
l'insieme di tutte le curve virtuali linearmente equivalenti ad
una data C: lo indicheremo con (C).

In particolare, un sistema algebrico irriducibile è un
sistema (algebrico) d'equivalenza algebrica. Un tal sistema
dicesi **completo** se non è contenuto in uno più ampio, la cui
curva generica dia la curva generica del precedente quale
specializzazione[2]. Non è detto che un sistema, anche completo,
sia individuato da una sua curva particolare. Insomma, due

----

1)Ricordo che ho chiamato _uguali_ due curve **virtuali** C-D,C'-D'
quando le curve effettive C+D', C'+D sono **identiche**.Si scrive cioè
C-D=C'-D' **in luogo** di C+D' = C'+D.
2) Proiettivamente, il sistema può dirsi **completo** se non è contenuto in uno più ampio di curve dello **stesso ordine**.

sistemi irriducibili, completi nel senso predetto (di curve
irriducibili o riducibili o virtuali), posson avere una curva
<u>particolare</u> comune, senza coincidere. Essi, comunque, son conte-
nuti nell'unico sistema d'equivalenza algebrica da questa individuato.

Per individuare un sistema algebrico irriducibile completo mediante una sua curva particolare (l'individuazione con la
curva generica è ovvia) bisogna che la curva particolare sia
definita quale specializzazione (curva di accumulazione o posi-
zione limite) della curva generica del sistema; e questo richie-
de la conoscenza del sistema, prima della considerazione delle
sue curve "particolari". In taluni casi, che vedremo, l'individuazione è tuttavia possibile attraverso una curva a particolare,
quando la determinazione della curva può essere compiuta, per
così dire, staticamente, senza cioè riguardarla quale limite
d'un'altra più generale. Ciò accade sempre allorchè si tratta
di determinare quei particolari sistemi algebrici irriducibili
completi, che sono i sistemi lineari completi, perchè la curva
totale con cui il sistema s'individua (attraverso il noto teorema d'esistenza e d'unicità) può esser ben definita soltanto
dall'assegnare le sue componenti, con le rispettive molteplicità, ed i punti base, eventualmente con molteplicità virtuali diverse dalle effettive. Questo invece non basta sempre nel caso
di sistemi non lineari.

Un esempio concreto $[35,36]$ chiarisce questa delicata
questione. Sia C una quartica piana con tre modi A_1, A_2, A_3. Se
si vuole un sistema lineare $|C|$, che contenga C con uno dei tre
modi assegnati, mentre gli altri due si riguardan virtualmente
inesistenti, il nodo assegnato A_1, non può esser fisso, in
quanto (teorema di BERTINI) una curva variabile in un sistema
lineare non può aver punti multipli variabili. Si hanno così
tre sistemi lineari <u>distinti</u>, ∞^{11}, ciascuno dei quali è indivi-

duato da C col nodo assegnato A_1 o A_2 o A_3. La curva C non è
comune ai tre sistemi, perchè per determinare il sistema bisogna considerarla associata al punto base fissato. Ai fini del
teorema d'unicità, la curva non esiste che sotto questo angolo
visuale.

Se invece si considera C nel quadro dei sistemi irriducibili non lineari, si può fissare che uno dei nodi di C sia assegnato, quale virtualmente variabile e gli altri due quali virtual
mente inesistenti. Allora C individua il sistema irriducibile
Σ , ∞^{13}, di tutte le quartiche irriducibili di genere 2,
qualunque sia il nodo che le si assegna.

Nei due casi considerati i sistemi (lineare e algebrico
non lineare) son individuati da una loro curva totale, per la
quale è stato possibile fissare a priori le condizioni determi-
nanti.

Consideriamo inoltre le quartiche piane con 3 nodi. Esse
distribuisconsi in due distinti sistemi irriducibili non lineari ∞^{11}: uno costituito dalle quartiche spezzate in una conica ed
in una retta e l'altro dalle quartiche (generalmente irriduci-
li) razionali. Ogni quartica spezzata in una cubica con un nodo e in una retta (sono in tutto ∞^{10}) appartiene ad ognuno dei
due sistemi. Però quale curva totale del primo i suoi tre nodi
allineati son limiti dei tre nodi della generica curva variabile
e il quarto nodo apparisce ex novo al limite; mentre quale curva
totale del secondo i limiti dei nodi della curva variabile son
sempre il nodo della cubica e due dei tre nodi allineati.

Il terzo di questi apparisce ex novo al limite (ciò perchè,
secondo un principio di NOETHER-ENRIQUES, topologicamente eviden-
te, ved. [28] , una curva irriducibile non può aver per limite
una curva sconnessa).

Come si constata, anche in questi casi i due sistemi son
individuati da curve totali, però completamente diverse. Lo stesso avviene nella generalità dei casi, almeno quando il sistema

da individuarsi, nello spazio lineare dove può rappresentarsi
(con una varietà di punti) la totalità delle curve di quell'ordine, giacenti nello spazio lineare d'appartenenza della F, passa
per l'imagine della data curva totale con una sola falda analitica[1].

La questione generale si può porre così. E' possibile, per
ogni data curva C irriducibile, non singolare, fissare un numero
finito di caratteristiche numerative e geometriche, in guisa che
riguardando C, associata a quelle caratteristiche, quale curva
totale d'un sistema irriducibile completo, questo risulti individuato?

Nei casi che dipoi indicheremo la individuazione con una
curva particolare sussiste senz'altro.

----

[1]

Qui si presuppone la rappresentazione dell'insieme delle
curve o delle varietà algebriche V_k^m, di dati ordine m e dimensione k d'uno spazio S_r, coi punti d'una varietà algebrica (generalmente riducibile) appartenente ad un conveniente spazio
lineare, dove si posson assumere a coordinate di punto p.es.
quelle che qualcuno chiama (con lieve imprecisione storica) _coor-_
dinate di CHOW.
Nel fatto la _forma associata_ (benchè non con questo nome)
ad una data V_k^m (considerata per la prima volta, sotto un aspet-
to ormai abbandonato, da BERTINI, alla fine del secolo XIX; ved.
anche in proposito [42]) , fu indicata nel 1915 (sotto l'aspet-
to attualmente usato) nella mia Memoria [43] . E' la forma associata, in coordinate grassmanniane degli S_{r-k-1} di S_r. Esprin-
mendo le coordinate grassmanniane in coordinate di punti o d'iper-
piani si hanno due forme associate duali, la prima delle quali è
la _zugeordnete Form_ introdotta da CHOW e VAN DER WAERDEN nel
1937, cioè 22 anni dopo [44] .
A questi Autori spetta tuttavia la prima esauriente dimostrazione algebrica del fatto che la totalità delle V_k^m è algebrica, proprietà di cui io avevo prima indicato le linee generali di dimostrazioni algebrico-geometriche [37,38,39] .
Ved.pure [45] .

Alla questione generale è stata data già risposta affermativa nella mia Memoria [55] del 1916, ma un'ulteriore elaborazione critica occorre in proposito, perchè in [55] si fa uso del teorema di completezza, il quale, come poi diremo, è soggetto ad ipotesi, che furon poste in evidenza più tardi (1921).

Fissato comunque il significato d'un eventuale teorema generale d'unicità dei sistemi irriducibili completi di curve C, quale necessaria premessa ad un teorema R.R. relativo a tali sistemi (allo stesso modo che il teorema di unicità è la premessa del teorema R.R. nel dominio dei sistemi lineari), varie importanti questioni si presentano in proposito:

<u>a</u>) Qual'è la dimensione d'un sistema algebrico completo (sottintendo ora ed in seguito di curve <u>effettive</u>, il passaggio alle curve virtuali richiedendo soltanto lievi adattamenti dei processi dimostrativi e del linguaggio) in funzione dei caratteri virtuali n,p,j della curva generica del sistema o di una curva particolare, che sia da quei caratteri definita quale curva totale?

Questione basilare, anche perchè la sua risposta permette di associare al teorema d'unicità un teorema d'esistenza.

<u>b</u>) Si può assegnare, mediante i caratteri virtuali d'una curva virtuale C=A-B, qualche condizione perchè C esista nel campo delle curve effettive rispetto all'equivalenza algebrica ossia affinchè esista qualche curva effettiva D (algebricamente equivalente a C) tale che A $\equiv$ B+D?

<u>c</u>) Esistono condizioni siffatte che una curva particolare (totale) d'un sistema irriducibile completo possa individuare il sistema stesso?

Cominciamo a rispondere all'ultima questione <u>c</u>) , che, come dicevamo, è, in un certo senso, pregiudiziale.

Per riferire il risultato più conclusivo, occorre introdurre la nozione di <u>curva emiregolare</u> sopra una superficie F [36] .

Definiamo su F come curva emiregolare C una **curva irriducibile**,
priva di punti multipli, su cui il sistema canonico impuro $|K|$
stacchi una serie lineare completa (per la quale dunque sia $\eta = 0$).
Se $p_g = 0$ l'essere emiregolare, per una curva C, equivale al fatto
che la sua serie caratteristica (definita indipendentemente da
un sistema lineare cui C appartenga [37]) è **non speciale.**

Una C è o non è emiregolare in sé, indipendentemente cioè
dal sistema lineare $|C|$ da essa individuata, mentre una C è
regolare soltanto se è generica entro un **sistema completo** $|C|$
regolare. Le curve regolari sono particolari **curve emiregolari.**

Ecco ora un teorema [28, pp.95 e 101] , che risponde contem
poraneamente alle questioni a), c):

Una curva emiregolare C, di genere p e d'indice di speciali
tà j, a serie caratteristica effettiva (d'ordine $n \geqslant 0$) , trac-
ciata sopra una superficie F di genere geometrico p_g, **individua**
un sistema irriducibile completo $\{C\}$ di curve analoghe, avente
la dimensione

(5) $$R = n - p + p_g + 1 - j \; .$$

Il sistema $\{C\}$ passa per C con una falda quasi lineare[1] (addirittura lineare sopra un conveniente modello di $\{C\}$ e la serie
caratteristica di $\{C\}$ su C è completa. Gli stessi fatti si verificano naturalmente in relazione alla generica C, ma anche in relazione ad ogni altra C irriducibile, priva di punti multipli,
del sistema, che sia emiregolare come quella di partenza. Di
più quetta tal C ha lo stesso indice di specialità j di quella
da cui si è preso le mosse.

---

1) Una falda analitica lineare è una falda analitica ∞^k d'ordine invariantivo relativo 1. Essa è caratterizzata dal fatto di
potersi porre in evidenza pseudoconforme biunivoca senza eccezione con l'intorno d'un punto nello spazio proiettivo complesso S .
Una falda **quasi lineare** è la trasformata pseudoconforme d'una
falda lineare [18, 36].

Se esiste nel sistema una curva non emiregolare, priva di
punti multipli, su essa la serie caratteristica di C è incompleta.

Talune notizie complementari sono necessarie per apprezza-
re il valore di questo teorema.

In primo luogo la serie caratteristica su C è quella che
può considerarsi, in virtù della mia Nota $\left[37\right]$ del 1904, indipendentemente dalla serie caratteristica di un sistema continuo
cui C appartenga, l'ultima delle quali serie è ivi segata dalle
curve del sistema infinitamente vicine a C. Questa seconda serie
è contenuta totalmente in quella (completa) definita in $\left[37\right]$ (come
è ivi dimostrato) ed è lineare, almeno quando il sistema continuo
è una falda quasi lineare di origine C.

La serie caratteristica d'un sistema completo, sulla curva
generica del medesimo, è completa, salvo sistemi algebrici particolari (o curve particolari ad essi relative). Il teorema di
completezza fu enunciato da ENRIQUES $\left[46\right]$ con un tentativo di
dimostrazione, che fu accettato come esauriente da tutti i cultori
della geometria algebrica (di qualunque scuola) fino al 1921
quando mi accorsi ch'essa presentava una grave sostanziale lacu-
na $\left[47\right]$, affacciando dipoi il dubbio $\left[48\right]$ (dopo aver criticato
e refutato tentativi miei o di altri in proposito) che il teore-
ma di completezza non fosse vero nella sua piena generalità e indi-
cando qualche caso d'eccezione. Incitai allora il mio discepolo ZAPPA a cercare sulle rigate esempi più espressivi. Al che
lo Zappa riuscì $\left[49\right]$. Qui, rinviando per più circostanziate notizie in proposito alla mia opera in corso di stampa $\left[28\right]$, mi
limiterò ad affermare che il teorema di completezza fu da me
dimostrato $\left[47\right]$ sulla base di un risultati trascendente di
POINCARE' $\left[50\right]$ per le curve e i sistemi numerativamente effettivi; e che la mia dimostrazione è esauriente nel dominio algebrico-
geometrico, quando $p_g=0$. La questione generale di dimostrare il

teorema per $p_g > 0$, restando nel campo algebrico o algebrico-geometrico, è tuttora insoluta ed è molto difficile. Nell'opera
[28] il teorema di completezza è conseguito con mezzi algebrico-geo
metrici uniti ad induzioni topologiche, che giustificano un principio di spezzamento di B.SEGRE (generalizzante quello di
NOETHER-ENRIQUES), il quale equivale in sostanza al teorema di
completezza.

Nell'opera [28] la relazione (5) e il teorema di unicità
sono estesi anche alle curve irriducibili con nodi e alle curve
riducibili.

Se la generica C del sistema $\{C\}$ individuato da una curva
emiregolare (irriducibile non singolare) individua un sistema
lineare completo $|C|$ -necessariamente contenuto in $\{C\}$ - di
dimensione r, il sistema $\{C\}$ si ripartisce in ∞^{R-r} sistemi
lineari $|C|$. Si vede subito allora, attraverso l'espressione
$r-1=n-p+p_g-j-\delta$ della dimensione della serie caratteristica di
$|C|$ su C, che $R-r=\delta$; sicchè δ =q quando la deficienza della
serie caratteristica di C raggiunge il massimo q. In tal caso
in relazione a $|C|$ è $\delta_0 = \eta$ =0, ossia $|C|$ è regolare.

Dunque il sistema $\{C\}$ individuato da una curva regolare
consta di ∞^q sistemi lineari. Si riconosce anche facilmente
(mercè la nozione di serie caratteristica d'un sistema continuo
[37] , se trattasi di sistemi irriducibili,o con altre elementari
considerazioni, se trattasi di curve riducibili [28]) che q è
la massima infinità dei sistemi lineari contenuti in un sistema
irriducibile completo di curve su F.

Un altro teorema di unicità e di completezza era stato
precedentemente conseguito in una mia Nota del 1906 [51] , dove si
porta l'attenzione non più soltanto sopra i sistemi algebrici
irriducibili di curve, ma anche sui sistemi algebrici irriduci-
bili, aventi per elementi sistemi lineari completi $|C|$ tracciati
su F.

Già l'Autore aveva avvertito, fin dalla sua prima nota del 1904 [37] sui sistemi non lineari, che un sistema irriducibile completo $\{C\}$ di curve, mentre evidentemente contiene il sistema lineare completo $|C|$ individuato dalla sua curva generica, può non contenere tutto il sistema $|C|$, individuato da una curva particolare, e questo diviene così, secondo la terminologia dell'Autore, esorbitante [31,52,28] . I primi esempi in proposito furono dati da ROSENBLATT [53] , da ALBANESE [54] e dall'Autore (nei lavori e nell'opera citata in [55]). Da notarsi altresì il fenomeno della esuberanza [28] , quando il sistema $|C|$ o per lo meno quel sottosistema di $|C|$ che appartiene a $\{C\}$, ha dimensione maggiore del generico $|C|$.

Denoteremo con $\{|C|\}$ un sistema irriducibile di sistemi lineari $|C|$.

Orbene, il teorema d'unicità e d'esistenza, cui alludevano è questo: Su F, un sistema lineare completo $|C|$, virtualmente privo di punti base, individuato da una curva virtuale C numerativamente effettiva, individua alla sua volta un sistema irriducibile completo $\{|C|\}$ di sistemi lineari analoghi di curve effettive. Esso contiene ∞^q di tali sistemi.

E' individuato altresì un sistema irriducibile completo $\{C\}$ di curve effettive, che contiene tutti i sistemi lineari $|C|$, salvo le curve di quelle specializzazioni del generico $|C|$, che esorbitano da $\{C\}$.

L'insieme (apertó) delle curve d'una specializzazione di $|C|$, che esorbitano da $\{C\}$, si dirà una cresta di $\{|C|\}$.

Sia $\bar{H}$ una cresta di $\{C\}$, proveniente dal sistema lineare $|\bar{C}|$ individuato da una curva irriducibile $\bar{C}$ non singolare di $\{C\}$.

Il sistema lineare completo $|\bar{C}|$, essendo il limite d'un generico $|C|$, contenuto in $\{C\}$, ha dimensione r$\geq$ a quella del generico $|C|$. D'altronde il limite di $|C|$, in quanto $|C|$ è variabile entro $\{C\}$, è un sistema lineare L di dimensione s$\geq$ quella di $|C|$ e minore di r, se no $|\bar{C}|$ non potrebbe essere

esorbitante. Pertanto la serie caratteristica di C come curva di
L ha la dimensione s-1 e come curva di $|\bar{C}|$ ha la dimensione r-1 >
> s-1. Dunque la serie caratteristica di C, quale curva di $\left\{C\right\}$,
è certo incompleta (mentre non è necessariamente come curva di $\bar{H}$).

Non è naturalmente escluso che L sia esuberante in $\left\{C\right\}$,
cioè che la dimensione della serie caratteristica di $\left\{C\right\}$, sulla
C generica , sia anche minore di s-1.

Tutto ciò abbiamo aggiunto a chiarimento della delicata
nozione di sistema asorbitante, che, a prima vista, apparisce
quasi assurda!

Il teorema d'unicità precedente, relativo alle C numerativamente effettive, s'estende in un teorema di unicità, che vale
anche per le ipersuperficie (varietà pure ∞^{d-1}) di una V_d irriducibile, non singolare, cioè:

Sopra una superficie F (o sopra una varietà irriducibile
non singolare V_d) un sistema irriducibile completo $\{|C|\}$ di ∞^q
sistemi lineari di curve (o risp. d'ipersuperficie) effettive,
q essendo la irregolarità superficiale di F (o di V_d), è individuato da uno qualunque di essi.

Si possono pertanto considerare entro l'insieme di tali
sistemi le operazioni di somma, di sottrazione, il teorema del
resto; ecc.

L'irregolarità superficiale q di V_d fu considerata, dal punto di vista trascendente, nel 1906, da CASTELNUOVO-ENRIQUES [56] ;
e dal punto di vista algebrico-geometrico, nel 1906, da me per
q=0 [51] e, nel 1952, per q qualunque [57] .

E' anche importante il fatto che i predetti sistemi di ∞^q
sistemi lineari (su F o su V_d) sono birazionalmente equivalenti
ad una medesima <u>varietà W_q di Picard</u> [28,p.164] annessa ad F o a V_d;
la diremo la <u>prima</u>. Vi è infatti una <u>seconda varietà di Picard</u>
considerata dall'Autore nel 1916 per le superficie [64] e posterior-
mente (1942 [48]) per una varietà qualunque. Essa possiede q

integrali semplici di 1^a specie, i cui periodi son i medesimi
di quelli dei q integrali semplici di 1^a specie di F o di V_d.
E' anch'essa una W_q di Picard, perchè la tabella di quei periodi è una matrice di RIEMANN [16] . Parecchi matematici ameri-
cani, seguendo erroneamente una citazione di A.WEIL, chiamano
questa seconda W_q <u>varietà di Albanese</u> (ved.p.es. KODAIRA [60]),
mentre il mio compianto discepolo non si è mai attribuito questa
paternità. La considerazione di tale varietà si presenta spon-
tanea ed è a priori ovvia, se non se ne approfondiscono le proprietà che la diversificano notevolmente dalla prima. Infatti
il suo vero interesse è dato dal fatto che le due varietà di
PICARD sono ciascuna una trasformata unirazionale dell'altra e
generalmente sono distinte fra loro. La ricerca dei casi in
cui $W_q = \bar{\bar{W}}_q$ ha dato luogo ad interessanti lavori di ANDREOTTI.

$$= \circ =$$

Uno studio completo dei diversi fenomeni, che possono pre-
sentarsi nella considerazione dei sistemi completi irriducibili
di curve sopra una superficie, non può trascurare i <u>sistemi ano</u>
<u>mali</u>, cioè quelli che contengono meno che ∞^q sistemi lineari
distinti.

Su tali sistemi sono tornato più volte, persuaso che, sal
vo casi specialissimi, ognuno di tali sistemi è birazionalmente
equivalente, come totalità ∞^δ di sistemi lineari, ad una varietà di PICARD V_δ . L'ho affermato nel lontano 1916 [55] e ne
ho trattato di nuovo nel 1942 [48] , giungendo però soltanto a
porre in evidenza ipotesi abbastanza larghe, sotto cui il fatto
accennato si verifica. E' certo che casi d'eccezione non manca-
no. Così, se una superficie F d'irregolarità $q > 1$, contiene un
fascio irrazionale di genere π $(1 < \pi < q)$, il sistema irriducibile completo (di grado zero) costituito dalle curve del fascio,
è un sistema anomalo, di dimensione $1 < q$, ma non è birazional-

mente una V_1 di Picard (salvo il caso $\pi=1$, quando il fascio
è ellittico). Questo sistema eccezionale appartiene tuttavia
ad un sistema completo anomalo ∞^{π} , che è una varietà di
Jacobi (cioè di Picard) costituita da curve spezzate in π
curve del fascio.

Spero di poter esporre prossimamente un ulteriore avvicinamento alla conclusione accennata sopra.

$$= \; ^{o} \; =$$

Per completare il nostro programma, nei riguardi del teorema R.R. sulle superficie, ci resta da rispondere alla questione b), come ora faremo $[28, p.155]$.

Esprimiamo anzitutto una data curva virtuale C quale diffe-
renza A-B di due A,B irriducibili tali che $\{|A|\}$, $\{|B|\}$ consti-
no ciascuno di ∞^q sistemi lineari (sicchè A-B risulta anche
un'espressione "normale" di C). Questo è sempre possibile, ag-
giungendo ad A,B un medesimo multiplo abbastanza alto delle sezioni piane o iperpiane di F. Allora:

Condizione necessaria e sufficiente perchè C sia algebricamente equivalente a una D effettiva è che nella serie algebrica segata da $\{B\}$ su A vi sia qualche gruppo contenente un gruppo della serie segata da $\{A\}$ su A.

Se ne deduce p.es. la disuguaglianza numerativa

$$(6) \qquad n-p + p_g + 1 - j \geq 0,$$

analoga alla (4), ma meno esigente, quale condizione sufficiente
perchè C sia algebricamente effettiva, ove n,p,j abbiano, in relazione alla curva virtuale C, il consueto significato. Ciò però
vale nell'ipotesi che F non contenga sistemi irriducibili anomali.

Se C è algebricamente effettiva e il sistema $\{|C|\} = \{|\ |\}$

consta di ∞^q sistemi lineari, essa è anche linearmente effettiva, ossia nel predetto sistema esistono curve effettive E tali
che C $\equiv$ E.

La condizione necessaria e sufficiente perchè C $\equiv$ 0, cioè
A $\equiv$ B, è che nella serie segata da $\{B\}$ su A vi sia qualche gruppo
A^2.

Questa condizione è però meno espressiva di quella che,
nella teoria della base, permette di concludere che C è un divi-
sore dello zero, ossia $\lambda A \equiv \lambda B$, per λ intero conveniente
$[38,28]$. Tale condizione è numerativa, ma soltanto sufficiente:
$[A^2] = [AB] = [B^2]$, essendo automaticamente soddisfatta, nel
nostro caso, la condizione $[A^2] > 0$. La conclusione è però meno
precisa, perchè non si può asserire che $\lambda = 1$.

La (6), pur essendo, come s'è detto, meno esigente della
(4), permette lo stesso di concludere che C è linearmente effettiva, quando F non contiene sistemi anomali.

Le questioni inerenti al teorema R.R. nel dominio della
equivalenza algebrica, sopra una superficie, non si esauriscono
considerando soltanto l'equivalenza algebrica fra curve (di cui
è caso particolare l'equivalenza lineare). Bisogna altresì considerare l'equivalenza algebrica tra gruppi di punti di F, di cui
è caso particolare l'equivalenza razionale $[41]$. Circa l'equivalenza algebrica tra gruppi di punti, null'altro c'è da osservare
se non che, per un dato n, i gruppi di n punti di F formano un
solo sistema algebrico irriducibile ∞^{2n}. Sull'equivalenza razionale torneremo nel § 4.

$$\S\ 3$$

<u>DEL TEOREMA SOPRA UNA VARIETA'</u>

Per le varietà pochi sono i risultati, ma molti e importanti i problemi, che vengono oggi trattati o di cui viene tentata
la soluzione, specialmente con metodi topologici, analitici e
d'algebra astratta. Mi limiterò alle origini storiche dei pro-

blemi e ai contributi più notevoli arrecati dalla scuola italiana, rinviando pei contributi dei cultori di più recenti indiriz-
zi ad un lavoro di HIRZEBRUCH.

Per la letteratura relativa all'indirizzo algebrico-geometrico, mi riferisco, salvo particolari citazioni, che a mano a
mano si renderanno necessarie, a due mie memorie $[21]$, una del
1909 (preceduta da una Nota riassuntiva lincea del 1907) e
l'altra del 1951, le quali trattano dei fondamenti della geometria sulle varietà algebriche; e specialmente delle questioni
inerenti al teorema R.R. Si troveranno in esse citazioni di lavori di M.NOETHER, HILBERT, PICARD, PANNELLI, CASTELNUOVO-ENRI-
QUES, FANO, C.SEGRE, ZEUTHEN, TORELLI, ALBANESE, B.SEGRE,
DE FRANCHIS, ROTH, TODD, ZARISKI, ecc., e dell'A. stesso.

Poichè la maggior parte delle ricerche più recenti circa
il teorema R.R. sulle varietà e sulle collegate teorie del genere aritmetico, derivano direttamente o indirettamente dalle
ricordate memorie $[21]$, riassumo da queste i rusultati aven-
ti rapporto col detto teorema.

Per ciò che concerne le varietà a tre dimensioni (ma non
soltanto per queste) tengasi d'occhio specialmente la memoria
del 1909. Si hanno anzitutto due possibili defizioni del genere
aritmetico d'una varietà non singolare V_d (ved.anche in proposito ZARISKI $[62]$).

1ª definizione del genere aritmetico, che ho denotato con
P_a^d: numero "virtuale" delle forme indipendenti d'ordine m-d-2
aggiunte alla proiezione generica W_d di V_d, in uno spazio S_{d+1}.
Numero virtuale, che esprimerebbe cioè il numero effettivo delle condizioni lineari d'aggiunzione, se valesse per ℓ=m-d-2
la formula di postulazione, inerente al caso; formula che è invece un polinomio in ℓ , d'ordine d, applicabile al problema
soltanto per ℓ abbastanza alto.

Il numero effettivo delle forme indipendenti predette è
il genere geometrico P_g^d di V_d. La differenza $P_g^d - P_a^d$ è l'irre-

<u>golarità d-dimensionale</u> di V_d.

   2^a <u>definizione del genere aritmetico</u>, che ho denotato con p^d.

Se:

$$(7) \qquad \psi(\ell, V_d) = \sum_{i=0}^{d} k_i \binom{\ell + d - i}{d - i}$$

è la formula di postulazione (o funzione caratteristica di HILBERT), esprimente, per ℓ abbastanza grande, il numero delle condizioni lineari indipendenti, che s'impongono ad un'ipersuperficie d'ordine dello spazio lineare S_ρ di V_d, volendo che contenga V_d, allora

$$p^d = (-1)^d (k_0 + k_1 + \ldots + k_d - 1) \ .$$

(Ved. anche in proposito MUHLY e ZARISKI [61]). L'identità dei valori forniti dalle due definizioni è da tempo nota per d=1,2. Nella Memoria del 1909 la stabilii per d=3, insieme alla invarianza assoluta per trasformazioni birazionali del genere $P_a^3 = p^3$. Nella Memoria del 1909 accennai anche al risultato analogo generale $P_a^d = p^d$, appoggiandolo sopra varie induzioni. Il mio compianto e valoroso discepolo ALBANESE potè poi estendere la dimostrazione di $P_a^3 = p^3$ alle V_4 [59] . I tentativi successivi di lui, per generalizzare il risultato, restarono senza successo.

   Nella Memoria del 1951 compii un ulteriore avvicinamento alla dimostrazione della relazione $P_a^d = p^d$, riducendola alla verifica dell'espressione del genere aritmetico P_a^d della somma di due ipersuperficie, mediante i generi analoghi degli addendi e della loro intersezione. Si tratta di relazioni di carattere numerativo, come lo è la stessa $P_a^d = p^d$; relazioni e verifiche le quali offrono soltanto difficoltà (superate da ROTH e da TODD per d = 3) di calcolo, sconcertanti per la loro lunghezza e

asimmetria, se non s'introducono opportuni algoritmi. Per supe-
rare queste difficoltà, senza lunghi calcoli, imaginai un metodo nel **n.**3 della mia Memoria del 1909.

Esso fu ulteriormente sviluppata da TODD $\begin{bmatrix}63\end{bmatrix}$, che ne pre-
cisò le fasi e giunse alla conclusione $P_a^d = p^d$. Però egli ammise
implicitamente un postulato, che io pòsi in evidenza nel n.11 del
la Memoria del 1951.

Il risultato generale $P_a^d = p^d$ si attribuisce oggi a
KODAIRA $\begin{bmatrix}60\end{bmatrix}$. Non ho potuto controllare ogni passo della dimostrazione di questo valoroso Autore; ma qualcuno mi comunicò
in passato che in una prima trattazione l'Autore stesso aveva
trascurato la singolare circostanza, da me segnalata nel 1902
$\begin{bmatrix}69\end{bmatrix}$, che una varietà costretta a passare per un'altra, anche
non singolare, quando fra le dimensioni delle due varietà inter-
cede una certa disuguaglianza, può avere di necessità punti multipli sulla varietà per cui passa ad esser perciò non singolare,
contro la nostra volontà. Secondo quanto mi si dice questa
svista sarebbe stata corretta da un lavoro posteriore di SPENCER
$\begin{bmatrix}66\end{bmatrix}$.

Circa la dimostrazione della invarianza del genere p^d per
trasformazioni birazionali, ricordo, oltre a quella (poggiata sopra un postulato) che esposi nella Memoria del 1909, l'altra sviluppata nella Memoria del 1951, la quale però riguarda soltanto
le trasformazioni birazionali regolari fra varietà non singolari;
cosicchè resta così dimostrata solamente l'_invarianza relativa_
e non quella assoluta .

Circa il teorema R.R. sopra una V_d, nella Memoria del
1951, ho definito la _dimensione virtuale_ $\delta(A)$ d'una ipersuperficie A (pura, effettiva o virtuale, dotata o no di componenti multiple) tracciate su V_d, mediante l'espressione

$$\delta(A) = \sum_{i=1}^{d} (-1)^{d-i} g(A^i) + (-1)^d p^d + d ,$$

ove $g(A^i)$ denota il genere aritmetico (nella seconda eccezione)
spettante alle varietà virtuali A^i; e ho chiamato _regolare_ un
sistema lineare completo $|A|$, non speciale, quando la sua di-
mensione effettiva uguaglia la virtuale.

Nella Memoria stessa è dimostrato che:

Per ℓ abbastanza grande, le ipersuperficie di ordine ℓ
dell'ambiente lineare S_ℓ di V_d segano su V_d un sistema lineare
completo (non speciale) regolare. In proposito si può anche
consultare MUHLY e ZARISKI $[61]$.

Lo stesso teorema vale pel sistema lineare segato su V_d
dalle forme di ordine ℓ, abbastanza alto, passanti per un'ipersuperficie irriducibile non singolare di V_d.

In particolare, dunque il teorema vale (attesa la generici-
tà del modello proiettivo V_d della nostra varietà) per le forme
passanti per l'ipersuperficie, irriducibile, non singolare,
riempita dai punti d'appoggio delle corde di V_d appoggiate al
generico centro di proiezione di V_d sopra un S_{d+1}; e ciò signi-
fica senz'altro che il sistema aggiunto al sistema delle sezioni di V_d con le forme d'ordine abbastanza alto è regolare.

Da quest'ultima osservazione (non espressamente indicata
nella Memoria del 1951) si può dedurre una **completa** dimostrazione algebrico-geometrica della relazione $P_a^d = p^d$. Mi propongo di
mostrarlo in una prossima occasione.

La complessità del problema inerente alla ricerca d'un
teorema di R.R. del tutto generale (sia pure sotto forma di
disuguaglianza), sopra una V_k, è descritta, con qualche preci-
sazione, che potrà forse essere utile, nella Memoria del 1951
(n.21). Aggiungerò che nella Memoria del 1909 (pure al n.21)
il teorema di R.R., sopra una V_3, pel sistema aggiunto ad una
superficie F, che sia "generica" nel senso che possegga la irregolarità uguale all'irregolarità superficiale di V_3, è dimostrato sotto forma di disuguaglianza (dimensione effettiva non minore della dimensione virtuale).

Nella Memoria stessa è dato pure il notevole teorema (n.19) che la deficienza del sistema canonico segato su F dal proprio sistema aggiunto non supera la somma dell'irregolarità superficiale e dell'irregolarità tridimensionale di V_3 e che esistono superficie F per le quali il limite è raggiunto. Deriva da ciò che il numero degl'intervalli doppi di 1ª specie di V_3 non supera la somma delle predette sue irregolarità.

Ricordo anche, a proposito di ricerche del tipo indicato, un altro recentissimo lavoro di KODAIRA e SPENCER [65] ed una Memoria preliminare di SPENCER [66] , alla quale ho già alluso.

§ 4

IL TEOREMA PER SERIE E SISTEMI D'EQUIVALENZA
(RAZIONALE)

Che cosa può dirsi sopra una V_d irriducibile della dimensione d'un sistema d'equivalenza di data specie? Parleremo in primo luogo dell'quivalenza razionale, sottintendendo l'attributo[1]. Sistemi siffatti sono i soli che per $k < d-1$ posson riguardarsi analoghi ai sistemi "lineari" giacchè sopra una V_d qualunque non esistono sistemi lineari di varietà ∞^k, ma soltanto sistemi completi razionali.

Se il sistema d'equivalenza s'intende nell'accezione gruppale, quale totalità delle varietà virtuali razionalmente equivalenti a una data, che lo individua, si è già detto che l'insieme non è né algebrico, né dimensionale.

La questione dunque sorge soltanto quando si considera un sistema algebrico completo Σ di varietà effettive ∞^k; il quale non è necessariamente razionale, mentre è certo che le sue

----

1) Per le nozioni qui usate vedi le mie Lezioni del 1942 e le mie Note [40,41] . L'equivalenza razionale nasce gruppalmente dal porre in una stessa classe (laterale) tutte le varietà virtuali ciascuna delle quali sia uguale alla differenza di due varietà del medesimo sistema razionale.

varietà sono singolarmente uguali alle varietà virtuali d'un
sistema razionale Σ' di varietà ∞^k. Il sistema è insomma, *nel
campo effettivo*, una delle traccie (complete) delle varietà
virtuali ∞^k di Σ' .

Il sistema Σ è individuato dalla generica sua varietà
W_k. Lasciamo insoluta la questione se Σ possa essere o meno
individuato da una varietà particolare (specializzazione della
generica) dopo che si sono fissati tutti gli attributi di
questa quale *varietà totale* di Σ .

Il teorema d'unicità per le famiglie di curve sghembe tro
vasi (con accenni al problema generale) nelle mie Note lincee
del 1916 [55,p.558] dove si dimostra che una curva algebrica
sghemba irriducibile, non singolare, appartiene ad una sola
famiglia di curve analoghe, di uguali ordine e genere.

Noi qui ci contenteremo di riferire il teorema d'unicità soltanto alla generica W_k.

Cercare per Σ un teorema R.R. vuol dire cercare per lo
meno una limitazione della dimensione di Σ , mediante un'espres
sione formata con taluni caratteri della W_k generica e della
varietà ambiente V_d.

Ci riferiremo anzitutto a d = r, k = 0, cioè alle serie
d'equivalenza (razionale) sopra una superficie F.

Le vie che si presentano più accessibili per abbordare
questo studio sono quella topologica e quella trascendente (fun-
zionale). La via strettamente algebrica apparisce oggi molto
più difficile.

Ecco in proposito i risultati da me ottenuti di recente
in vari lavori. Rinvio per tutti all'ultimo di essi del 1942
[58] . Si tratta di proprietà iniziali d'una teoria che ha biso-
gno d'un larghissimo e non facile sviluppo.

Caratterizzazione topologica: Una serie d'equivalenza (di
gruppi effettivi) su F è caratterizzata dall'essere a circolazione lineare nulla, a circolazione algebrica e ciclo-torsione

nulla. (Pel significato delle parole rinvio ai lavori citati).
Se manca l'ultima condizione la serie è di _pseudoequivalenza_,
cioè esiste un intero conveniente λ ($\geqslant 1$) tale che i λ-pli
de' suoi gruppi appartengono ad una serie di equivalenza.

    _Caratterizzazione trascendente._Una serie di pseudoequi-
valenza è caratterizzata dalla proprietà che sovr'essa si annul-
lano identicamente le somme delle forme differenziali lineari e
quadratiche di 1^a specie appartenenti alle superficie.

    E' probabile che la condizione che la serie sia a ciclo-
torsione nulla possa essere espressa analiticamente dall'annullarsi, sovra la serie, delle somme delle forme differenziali
di 1^a specie, introdotte da KÄHLER, in corrispondenza al bige-
nere della superficie.

    Comunque, dal teorema d'ABEL ricordato per le serie di
equivalenza, si deduce prima un teorema di R.R. per le serie a
circolazione lineare nulla (che si dimostra essere necessariamente algebriche)[1]. Ecco il teorema:

    Un gruppo qualunque di n punti su F per $2n \geqslant q$ appartiene
sempre a qualche serie irriducibile completa d'ordine n, a circolazione lineare nulla, di dimensione $r \geqslant 2n-q$, ove q è l'irregolarità di F ed è in ogni caso $r \leqslant 2n-q+1$, ove i è il prima
indice di specialità del gruppo, che è definito in relazione
alla serie d'irregolarità di F (da me introdotta nel 1932
$[71,28]$). Se $i = 0$, è $r=2n-q$. Teorema dunque molto preciso.

    Per ottenere un teorema R.R. relativo alle serie di pseudo-
equivalenza bisogna aggiungere la condizione dello annullarsi,
sopra una tal serie, delle forme differenziali quadratiche, di
1^a specie, corrispondenti al genere geometrico di F.

----

1) Ricordo che lo studio di tali serie era stato iniziato da
ALBANESE $[70]$ sotto il nome di "serie di livello" degl'integrali semplici di 1^a specie appartenenti ad F.

In conseguenza, si ottiene in una prima fase, un teorema
R.R. per una serie "algebrica" completa a circolazione algebrica. E parlo d'una serie algebrica, perchè non son riuscito a
provare che una serie completa a circolazione algebrica, sia
algebrica; ma soltanto a rendere verosimile l'asserzione. Ecco
il teorema R.R. cui alludo. Se n è l'ordine ed r la dimensione
della serie sussistono le limitazioni:

$$2n-p_g \leqslant r \leqslant 2n- \frac{p_g-j}{2}$$

ove j è il <u>secondo indice di specialità</u> del gruppo generico
(numero delle curve canoniche impure K, indipendenti, che lo
contengono). Per le serie di pseudoequivalenza completa si ha
poi:

$$r \geqslant 2(n-p_g)+ p_a \quad .$$

In particolare, p.es., sopra una superficie F con curva
canonica linearmente zero (com'è la superficie del 4° ordine
priva di punti multipli in S_3), si trova r=2n-1. Su ogni tal
superficie questa è la dimensione d'una serie di equivalenza
completa, perchè la superficie è priva di torsione [72].

Nulla di generale posso dire su una limitazione concernente
una serie d'equivalenza completa su F, perchè non so interpretare quale influenza abbia la torsione o l'annullarsi delle somme,
nei gruppi delle serie, delle forme differenziali di KÄHLER.

Quel che mi sembra certo è che, quando n è grande, il numero delle condizioni imposte ad un gruppo generico di n punti
perchè appartenga ad una serie d'equivalenza completa, essendo
legato all'annullarsi di certe forme differenziali, il cui numero
dipende da F e non dal gruppo, sia un intero Q dipendente soltanto da F, cosicchè i gruppi di n punti di F si distribuiscono in
∞^q serie d'equivalenza di dimensione generalmente uguale a
2n-Q.

Desidero ora di aggiungere, attraverso un esempio, che
le questioni inerenti alla serie di equivalenza e di pseudoequivalenza razionale, a cominciare dalle superficie, non si esauriscono nel solo campo algebrico-geometrico o nel campo trascendente o topologico equivalente, ma che in esse intervengono fatti di natura aritmetica, inerenti alle costanti (coefficienti),
che entrano nella determinazione delle superficie considerate.
Questo fatto non è nuovo, quando si passa dalle curve alle varietà superiori. Già avevo avuto occasione di osservare che la
teoria delle corrispondenze più semplici fra superficie - le
corrispondenze a valenza zero - implica problemi aritmetici
(mentre ciò non accade per le corrispondenze fra curve) $\left[67\right]$.

Ecco l'esempio. Sia F una superficie generale (e quindi
non singolare) del 4° ordine in S_3. Essa, com'è ben noto
(NOETHER, LEFSCHETZ) non contiene che curve intersezioni complete. Vi sono tuttavia almeno ∞^{17} superficie F passanti per una
data quartica razionale C, non singolare di S_3 e la generica
di questa F è non singolare. Le ∞^2 corde di C segano sopra una
tale F, fuori di C, una serie ∞^2, di coppie di punti, che è una
serie d'equivalenza (razionale), appunto perchè la varietà di
quelle corde è razionale. Le varietà ∞^2 di coppie di punti di F,
così ottenuta, è dunque una serie d'equivalenza. Nulla di analogo c'è sulla F generale, che non contiene alcuna C.

La ottenuta serie d'equivalenza del 2° ordine, non è completa, perchè ha dimensione $< 2n-1$, ed in questo caso è $2n-1=3$.

= ° =

Circa i sistemi d'equivalenza algebrica e razionale sopra
una V_d posso dire qualcosa di conclusivo soltanto nei riguardi
dell'equivalenza algebrica; mentre nei riguardi dell'equivalenza razionale mi limiterò ad induzioni in collegamento con risultati di KODAIRA e con quelli di tutt'altra natura, miei e di

HODGE $[68]$. Induzioni giustificate dal desiderio di propagan-
dare l'importanza di problemi, deghi degli sforzi dei più valo-
rosi matematici.

Nei riguardi dell'equivalenza algebrica è acquisito soltanto il risultato che la massima infinità (raggiunta) dei sistemi lineari contenuti in un sistema algebrico irriducibile completo d'ipersuperficie effettive, è q, irregolarità superficiale
di V_d; che questa massima infinità è raggiunta pei sistemi ag-
giunti e pei multipli abbastanza elevati delle sezioni iperpiane
di V_d. Pertanto la dimensione R d'un sistema siffatto è data
da R = r+q, ove r è la dimensione, espressa dall'ordinario teorema di R.R. d'un sistema lineare generico del dato sistema
completo.

Nei riguardi dell'equivalenza razionale (a prescindere dal
le ipersuperficie , per le quali essa riducesi all'equivalenza
lineare), bisogna anzitutto ricordare che KODAIRA ha dimostrato
(è uno dei suoi più brillanti risultati) l'induzione (in qualche modo da me giustificata):

$$(7) \qquad P_a^d = i_d - i_{d-1} + i_{d-2} - \dots + (-1)^d i_1 \,,$$

con cui si chiudeva la mia Memoria del 1909 sui fondamenti della
geometria sulle varietà. Nella $(7) i_d , i_{d-1} , \dots, i_1,$ sono i
numeri d'integrali d-pli, (d-1)-pli,..., semplici di 1^a specie
indipendenti, che esistono su V_d. La dimostrazione è poggiata
sulla teoria degl'integrali armonici.

Poichè i numeri i sono evidentemente invarianti assoluti
per trasformazioni birazionali, una volta provato che $P_a^d = p^d$,
segue dalla relazione precedente l'invarianza assoluta del genere aritmetico d'una V_d, nella sua duplice eccezione.

Ebbene, io ho tratto dalla (7) e da altre argomentazioni
le seguenti induzioni, controllate su quei medesimi esempi, che

avevano formato parte del mio materiale sperimentale nel 1909.

L'irregolarità (d-1)-dimensionale - differenza fra il genere geometrico ed il genere aritmetico - d'una ipersuperficie W_{d-1} di V_d ha un massimo, che può chiamarsi irregolarità (d-1)-dimensionale di V_d. Dirò generale un'ipersuperficie W_{d-1} dove questo massimo si raggiunga.

La deficienza del sistema lineare segato sopra una ipersuperficie generale W_{d-1} di V_d, dal sistema canonico impuro di V_d, è uguale alla somma dell'irregolarità d-dimensionale e (d-1)-dimensionale di V_d.

Il numero degl'integrali(d-1)-pli di 1ª specie di V_d, per $d > 3$, è uguale al numero degli integrali (d-1)-pli di 1ª specie d'una W_{d-1} generale di V_d. Da ciò segue, secondo la (7) di Kodaira, che il numero dei detti integrali uguaglia la somma delle due ultime irregolarità.

Per arrivare a un teorema R.R. pei sistemi d'equivalenza di specie k sopra V_d, reputo che occorra passare attraverso le fasi seguenti:

a) Dimostrare che l'equivalenza algebrica di due W_k subordinate equivale alla loro equivalenza topologica (ciò è acquisito per $k = r-1$).

b) Dimostrare che l'infinità dei sistemi irriducibili d'equivalenza razionale ∞^k, contenuti in un dato sistema irridu cibile d'equivalenza algebrica, non supera un limite finito dipendente soltanto da V_d (eguale forse all'irregolarità (d-k)-esima della varietà).

c) Valutare la dimensione della classe d'omologia definita da una W_k pura e sottrarre da questa la precedente irregolarità, per ottenere la dimensione d'un sistema d'equivalenza razionale contenente W_k, quando la varietà soddisfa a condizioni di sufficiente generalità.

E' venuto forse il momento in cui possono sciogliersi i
nodi gordiani, che hanno arrestato e ritardato la tessitura della nostra paziente secolare tela. Esistono però, attualmente,
mezzi potentissimi, che noi non pessedevamo, di geometria algebri
ca, di topologia, di geometria differenziale (calcolo tensoriale),
di algebra astratta, di analisi (teoria generale delle funzioni
analitiche, teoria delle forme differenziali e tensoriali di
CARTAN-POINCARE'-DE RHAM - KÄHLER, teoria degl'integrali armonici
di HODGE, teoria delle correnti con tutti i soccorsi dell'analisi dei funzionali lineari, teoria delle varietà kähleriane e delle metriche relative; teoria delle matrici; ecc.).

La geometria algebrica, con la ricca fioritura già raggiunta
di risultati e di problemi, dimostra la rigogliosa sua capacità
di suggestione in tutti i rami della matematica, derivante dal
pensiero creatore dei notri maestri. Andare dunque avanti, ma
non dimenticare i maestri, perchè un'idea geniale vale in poten-
za creatrice più di tutte le sue conseguenze. E per seguire il
pensiero dei maestri occorre non distaccarsi dallo sviluppo sto-
rico delle idee e da quello strumento fastidioso, ma indispensabi-
le, che è la bibliografia.

Verrà giorno, in cui i risultati della nostra geometria,
trasformandosi in proprietà di più ampio respiro, attraverso specialmente la topologia, troveranno la loro utilizzazione anche
nelle parti più elevate della fisica e delle applicazioni.

In quel momento sarà dimostrato ancora una volta che il
pensiero scientifico va lasciato fiorire, libero dalle pastoie
applicative, perchè il turno delle applicazioni viene infallibil-
mente un giorno o l'altro.

= ° =

B I B L I O G R A F I A

[1] RIEMANN, Ges.Math.Werke, 1857; ROCH, Giornale di Crelle,1864.

[2] SEVERI, Una rapida ricostruzione della geometria sopra una curva algebrica (Atti del R.Istituto Veneto,1920). Ved.pure SEVERI, Trattato di Geometria algebrica (Bologna,Zanichelli, 1926).

[3] SEVERI, Una nuova visione della geometria sopra una curva (Acta della Pontificia Accademia delle Scienze,1952).

[4] CHOW, Die geometrische Theorie der algebraischen Funktionen für beliebige vollkommene Körper (Math.Annalen, 1937).

[5] GRÖBNER, Idealtheoretische Aufbau der algebraischen Geometrie (Leipzig, Teubner, 1941).

[6] VESENTINI, Dimostrazione intrinseca del teorema di Riemann-Roch sopra una curva (Acta della Pontificia Accademia delle Scienze, 1953). Ved.in particolare l'Osservazione di F.SEVERI alla fine (n.8) della Nota.

[7] ZARISKI, A topological proof of the Riemann-Roch theorem (Ann.Journ. of Math., 1936).

[8] F.K.SCHMIDT, Zur arithmetischen Theorie der algebraischen Funktionen, I. Beweis der Riemann-Rochscher Satzes für algebraische Funktionen mit beliebigem Konstantenkörper (Math.Zeitschrift, 1936).

[9] A.WEIL, Zur algebraischen Theorie der algebraischen Funktionen (Crelle,1938).

[10] SEVERI, Sulla deficienza della serie caratteristica d'un sistema lineare di curve appartenente ad una superficie algebrica (Rend.dei Lincei, 1903).

[11] NOETHER, Comptes rendus, 1886 .

[12] ENRIQUES, Ricerche di geometria sulle superficie algebriche (Memorie della R.Acc.delle Scienze di Torino, 1893).

[13] CASTELNUOVO, Alcuni risultati sui sistemi lineari di curve appartenenti ad una superficie algebrica (Memorie dei XL, 1896); Alcune proprietà fondamentali dei sistemi lineari di curve tracciati sopra una superficie algebrica (Annali di matematica, 1897).

[14] C.ROSATI, *Intorno alla sovrabbondanza di un sistema lineare di curve appartenenti ad una superficie algebrica* (Atti del R.Istituto Veneto, 1909).

[15] SEVERI, *Sulle superficie algebriche, che posseggono integrali di Picard della 2ᵃ specie* (Math.Annalen , 1906).

[16] SEVERI, *Intorno al teorema d'Abel sulle superficie algebriche ed alla riduzione a forma normale degl'integrali di Picard* (Rendiconti del Circolo matem. di Palermo,1906).

[17] CASTELNUOVO, *Ricerche generali sui sistemi lineari di curve piane* (Memorie dell'Acc.delle Scienze di Torino, 1891).

[18] SEVERI, *Serie, sistemi d'equivalenza e corrispondenze algebriche sulle varietà algebriche* (Roma,Cremonese, 1942) (Lezioni raccolte da FABIO CONFORTO e da ENZO MARTINELLI).

[19] ENRIQUES, *Introduzione alla geometria sopra le superficie algebriche* (Memorie dei XL, 1896; n.15).

[20] SEVERI, *On the symbol of virtual intersection of algebraic varieties* (ora in corso di pubblicazione in un volume giubilare per LEFSCHETZ).

[21] SEVERI, *Fondamenti per la geometria sulle varietà algebriche*. Prima Memoria (Rendiconti del Circolo matematico di Palermo, 1909); Seconda Memoria (Annali di Matematica 1951).

[22] SEVERI, *Sul teorema di Riemann-Roch e sulle serie continue di curve appartenenti ad una superficie algebrica* (Atti della R.Acc. delle Scienze di Torino, 1905).

[23] CASTELNUOVO-ENRIQUES, Annali di Matematica, 1901.

[24] SEVERI, Bollettino dell'Unione Matematica italiana, 1941,Ved. pure 18, p.397.

[25] SEVERI, *Sulle curve algebriche virtuali appartenenti ad una superficie algebrica* (Rendiconti dell'Istituto Lombardo, 1905). Ved. pure [18, p.9].

[26] SEVERI,Atti del R.Istituto Veneto delle Scienze,Lettere ed Arti, 1906.

[27] SEVERI, Atti del R.Istituto Veneto, 1908.

[28] Che sarà il II vol. dopo [18] . Esso porterà il titolo:
      Equivalenze lineari ed algebriche. Integrali sopra una su-
      perficie.

[29] PICARD, Giornale di Crelle, 1905. Trattato di PICARD et
            SIMART, t.II, p.37.

[30] SEVERI, Atti della R.Accademia dei Lincei, 1908.

[31] SEVERI, Teoremi di regolarità sopra una superficie algebrica
            (Rendiconti di matematica e delle sue applicazioni,
            Roma, 1947).

[32] FRANCHETTA, Sul sistema aggiunto ad una curva riducibile
            (Rend. della R.Acc. dei Lincei, 1949).

[33] ZAPPA, Atti della R.Accademia d'Italia, 1943.

[34] ENRIQUES, Bulletin des Sciences mathématiques, 1940.

[35] SEVERI, La teoria generale dei sistemi continui sopra una
            superficie algebrica (Memoria della R.Accademia d'I-
            talia, 1941).

[36] SEVERI, Sul teorema fondamentale dei sistemi continui di cur-
            ve sopra una superficie algebrica Annali di matemati-
            ca, 1944.

[37] SEVERI, Osservazioni sui sistemi continui di curve apparte-
            nenti ad una superficie algebrica (Atti della R.Acca-
            demia delle Scienze di Torino, 1904). Ivi trovansi
            le prime idee generali sui sistemi algebrici non li-
            neari di curve sopra una superficie.

[38] SEVERI, La base per la totalità delle curve algebriche trac-
            ciate sopra una superficie algebrica (Mathematische
            Annalen , 1906).

[39] SEVERI, Ueber die Grundlagen der algebraischen Geometrie
            (Abhandlungen aus dem Math.Seminar der Hamb.Universität
            1933).

[40] SEVERI, Complementi a la teoria delle equivalenze sulle va-
            rietà algebriche: le equivalenze algebriche (Rendicon-
            ti della R. Acc.dei Lincei, aprile 1955).

[41] SEVERI, Complementi alla teoria delle equivalenze sulle va-
      rietà algebriche: le equivalenze razionali (Rendiconti
      della R.Acc. dei Lincei, maggio 1955).

[42] SEGRE B., Bertini Forms and hessian matrices (Journ.of the
      London Math.Society, 1951).

[43] SEVERI, Sulla varietà che rappresenta gli spazi lineari di da
      ta dimensione, immersi in uno spazio lineare (Annali di
      Matematica, 1951).

[44] VAN DER WAERDEN, Einführung in die algebraische Geometrie
      (Berlino, Springer, 1^aed. 1939).

[45] SEVERI, La géométrie algébrique italienne, sa rigueur, ses
      méthodes et ses problèmes (Centre belge de recherches
      mathématiques, 1949). Ved.pure dello stesso Autore: Geo-
      metria algebrica e algebra astratta (Seminario Matematico
      di Milano, 1952).

[46] ENRIQUES, Sulla proprietà caratteristica delle superficie
      irregolari (Rendiconti della R.Acc.dell'istituto delle
      Scienze, di Bologna, 1904).

[47] SEVERI, Sulla teoria degl'integrali semplici di 1^a specie
      appartenenti ad una superficie algebrica (Rend.dei Lincei,
      1921, nota V; annotazione a pié della pag. 297).

[48] SEVERI, Intorno ai sistemi continui di curve sopra una super-
      ficie algebrica (Commentarii mathematici helvetici, 1943).

[49] ZAPPA, Acta della Pontificia Accademia delle Scienze, 1943
      1945.

[50] POINCARE', Annales de l'École normale supérieure, 1910; Sit-
      zungsberichte der Berlin.math.Gesellschaft,1911.

[51] SEVERI, Osservazioni varie di geometria sopra una superficie
      algebrica e sopra una varietà (Atti del R.Ist.Veneto,1906).

[52] SEVERI, Sulla classificazione delle rigate algebriche (Rend.
      di Mat. e delle sue appl. 1941).

[53] ROSENBLATT, Bulletin de l'Académie des Sciences de Cracovie,
      1912.

[54] ALBANESE, Annali di Matematica, 1915.

[55] SEVERI, Nuovi contributi alla teoria dei sistemi continui
      di curve appartenenti ad una superficie algebrica (Rend.
      della R.Acc.dei Lincei, V Serie, 1916, p.461).

[56] CASTELNUOVO-ENRIQUES,Annales scientifiques de l'École norma-
      le supérieure, Paris, 1906.

[57] SEVERI, Sull'irregolarità superficiale d'una varietà alge-
      brica (Rend. della R.Accademia d'Italia, 1942).

[58] SEVERI, Ulteriori sviluppi della teoria delle serie d'equi-
      valenza sulle varietà algebriche (Commentationes della
      Accademia Pontificia delle Scienze, 1942).

[59] ALBANESE, Sul genere aritmetico delle varietà algebriche
      a quattro dimensioni (Rend.dei Lincei, 1924); Invarianze
      del genere P d'una varietà a quattro dimensioni (Rend.dei
      Lincei, 1924). Il tentativo infruttuoso per r qualunque,
      cui s'accenna nel testo, trovasi in un lavoro quasi sco-
      nosciuto pubblicato da Albanese nello stesso 1924 negli
      Annali delle Università toscane.

[60] KODAIRA, Some results in the trascendental theory of algebraic
      varieties (Annals of mathematics, 1954).

[61] MUHLY and ZARISKI, Hilbert's characteristic function and
      arithmetic genus of algebraic varieties (Trans.Amer. Math.
      Soc., 1921).

[62] ZARISKI, Complet linear systems on normal varieties and a
      generalisation of a lemma of Enriques-Severi(Ann.of Math.
      1952).

[63] TODD, Projective characters and invariants of algebraic va-
      rieties (Proc. of the Cambridge phil.Society, 1937); The
      arithmetical invariants of algebraic loci (Proc.of the
      London math.soc. 1937).

[64] SEVERI, Un teorema d'inversione per gl'integrali semplici di
      1ª specie appartenenti ad una superficie (Atti Ist.Veneto,
      1916).

[65] KODAIRA e SPENCER, On a theorem of Lefschetz and the lemma
      of Enriques-Severi-Zariski (Department od mathem. Prince-
      ton University, 1954). Ivi trovansi altre utili cita-
      zioni.

[66] SPENCER,Cohomology and the Riemann-Roch theorem (ibidem,1953).

[67] SEVERI, <u>La teoria generale delle corrispondenze fra due va-
     rietà algebriche e i sistemi d'equivalenza</u> (Abh.aus dem
     math.Seminar Hamburg, 1939).

[68] HODGE, <u>A new set of relative birational invariants of alge-
     braic surfaces</u> (R.Acc. d'Italia, Fondazione Volta,1940).

[69] SEVERI, <u>Sulle intersezioni delle varietà algebriche, sopra
     i loro caratteri e singolarità proiettive</u> (Memorie del-
     la R.Acc. delle Scienze di Torino, 1902).

[70] ALBANESE, <u>Corrispondenze algebriche fra i punti di due super-
     ficie algebriche</u> (Mem. I e II) (Annali della R.Scuola
     normale superiore di Pisa, 1934); pag. 1 e pag.139.

[71] SEVERI, <u>La serie canonica e la teoria delle serie principa-
     li di gruppi di punti sopra una superficie algebrica</u>
     (Commemtarii mathematici helvetici, 1932).

[72] SEVERI, <u>La base minima, pour la totalité des courbes tracées
     sur une surface algébrique</u> (Annales de l'Ecole norm.sup.
     Paris, 1908).

[73] SEVERI, <u>Sugl'integrali semplici di 1^a specie e sulle involu-
     zioni irregolari appartenenti ad una varietà o superfi-
     cie algebrica</u> (Annali di matematica, 1942).

[74] SEVERI, <u>Funzioni quasi abeliane</u> (Pontificia Accademia del-
     le Scienze, 1947).

<u>F. HIRZEBRUCH</u>

ARITHMETIC GENERA AND THE THEOREM
OF
RIEMANN-ROCH

Roma-Istituto Matematico dell'Università,1955,ROMA

ARITHMETIC GENERA AND THE THEOREM
OF
RIEMANN-ROCH

<u>INTRODUCTORY LECTURE</u>.

I am very glad that I can give a series of lectures in this
International Mathematical Summer Seminar at the Lake of Como. It
is a great honor for me, and I wish to thank you very much for
your kind invitation.

The purpose of these lectures is to show how the theorem of
Riemann-Roch can be formulated and proved for non singular algebraic
varieties of arbitrary dimension.

I am in the process of writing a report for the "Ergebnisse
der Mathematik" (Springer Verlag). This report will contain an
introduction to the theory of sheaves (<u>Leray,H.Cartan</u>), the theory
of characteristic cohomology classes, the theory of "cobordisme"
(<u>R.Thom</u>) , and to recent work of <u>A.Borel</u>, <u>K.Kodaira</u>, <u>J.P.Serre</u>,
and <u>D.C.Spencer</u>. The report will then contain a detailed discus-
sion and proof of the theorem of Riemann-Roch using all the theo-
ries just mentioned.

In these lectures it is impossible to give complete proofs.
I have to refer to my report. The lectures will, however, run
somewhat along the lines of my report. In this introductory lectu-
re I give a brief account of the whole story (compare the introduction of my "Ergebnisse-report").

1. By an algebraic variety V_n we mean always a compact
complex manifold of complex dimension n (not necessarily connected)
which can be imbedded complex analytically and without singulari-
ties in a complex projective space of sufficiently high dimension .

Let us recall four definitions for the arithmetic genus
of an n-dimensionsl algebraic variety V_n. Using the postulation
formula (<u>Hilbert</u>'s characteristic function) we define the integers

$p_a(V_n)$ and $P_a(V_n)$. We call this the <u>1.and 2.definition</u>. <u>Severi</u> conjectured the following formula (see, for example, $[1]$)

$$(1) \qquad p_a(V_n) = P_a(V_n) = g_n - g_{n-1} + \ldots + (-1)^{n-1} g_1 \quad ,$$

were g_i denotes the number of complex linearly independent holomorphic differential forms of degree i on V_n. Using the theory of sheaves, <u>Kodaira</u> and <u>Spencer</u> $[2]$ were able to give a simple proof of (1). The alternating sum of the g_i is the <u>3. definition</u> of the arithmetic genus of V_n, thus the equation (1) states that definitions 1,2,3 coincide. The ordering of the g_i in the alternating sum is unnatural. Changing the classical notation we define

$$(2) \qquad \chi(V_n) = \sum_{i=0}^{n} (-1)^i g_i$$

<u>We call</u> $\chi(V_n)$ <u>the arithmetic genus of the algebraic variety</u> V_n. The integer g_0 equals the number of connectedness components of V_n. Thus for a connected variety the classical arithmetic genera p_a, P_a are related to the arithmetic genus χ by the formula

$$1+(-1)^n p_a(V_n)=1+(-1)^n P_a(V_n) = \chi(V_n).$$

The arithmetic genus χ behaves multiplicatively, i.e., the genus of the cartesian product of two varieties is equal to the product of the genera of the factors. The arithmetic genus in the old definition obviously does not have this multiplicative property.

2. The <u>4.definition</u> of the arithmetic genus is due to <u>J.A.Todd</u> $[3]$, who showed that the arithmetic genus can be expressed by means of the canonical classes of <u>Eger-Todd</u> $[4]$. For the dimension 2 and 3 this fact had been established earlier by

M.Noether, <u>Severi</u> and B.Segre. <u>Todd</u>'s proof is not complete.
It is based on a lemma of <u>Severi</u> for which a precise proof does
not seem to exist in the literature.

The <u>Eger-Todd</u> class k_i of V_n is defined as a class of algebraic cycles of V_n of real dimension 2n-2i with respect to an
equivalence relation which implies the equivalence relation
"homologous" without being identical with it.
K_1, for example, is the class of the canonical divisors of V_n
with respect to linear equivalence. The class K_i defines a(2n-2i)-
dimensional homology class which corresponds under the natural
isomorphism to a 2i-dimension cohomology class (with integral
coefficients). Up to the sign $(-1)^i$ this cohomology class coinci-
des with the <u>Chern</u> class c_i of the tangent bundle of V_n. We only
have to use the <u>Chern</u> classes. Namely, we define the <u>Todd</u> genus
$T(V_n)$ directly by means of the <u>Chern</u> classes. It is a principal
theorem that $\chi(V_n)$ and $T(V_n)$ are identical for all algebraic
varieties.

3. We now come to the definition of $T(V_n)$: In a purely
algebraic way we define a polynomial T_n of weight n in indetermi-
nates $c_1,\ldots,c_n$ and with <u>rational</u> coefficients.

$$
\begin{aligned}
T_0 &= 1\\[4pt]
T_1 &= \frac{c_1}{2}\\[4pt]
T_2 &= \frac{1}{12}\,(c_1^{\,2} + c_2)\\[4pt]
T_3 &= \frac{1}{24}\,c_1 c_2\\[4pt]
T_4 &= \frac{1}{720}\,(-c_4 + c_3 c_1 + 3c_2^{\,2} + 4c_2 c_1^{\,2} - c_1^{\,4})\\
&\quad\ \vdots
\end{aligned}
\tag{3}
$$

If we interpret the indeterminate c_i as the 2i-dimensional

<u>Chern</u> class of V_n, and, moreover, the product in the polynomial T_n as the cup product of the cohomology ring of V_n, then T_n is a 2n-dimensional cohomology class of V_n. By the fundamental cycle of V_n we mean that element of the homology group $H_{2n}(V_n,Z)$ which is defined by the natural orientation of V_n. The value taken by the class T_n on the 2n-dimensional fundamental cycle of V_n is a rational number which <u>by definition</u> is the <u>Todd</u> genus $T(V_n)$.

The polynomials T_n should satisfy two properties. <u>First</u>, they should be of such a kind that the functional $T(V_n)$ defined by them behaves multiplicatively as the arithmetic genus does. The sequences of polynomials fulfilling this multiplicative property are colled multiplicative sequences. They are characterised by purely formal algebraic conditions. <u>Secondly</u>, the sequence T_n of polynomials should be such that $T(P_n)$ equals 1 for all complex projective ppaces P_n. (Observe that $\chi(P_n)=1$ for all n.) This second condition is also a formal condition for the polynomials. By these two conditions our polynomials T_n are characterised.

4. The divisors of an algebraic variety V_n constitute an abelian group which we write additively. Besides the divisors we have complex analytic line bundles over V_n (with fibre C and structural group C^*).

Here C denotes the field of complex numbers, and C^* is the multiplicative group of non-vanishing complex numbers acting on C by multiplication. If we regard isomorphic complex line bundles as identical, the complex line bundles over V_n constitute an abelian group which we write multiplicatively. The group operation is the tensor product. Each divisor defines a complex line bundle . Two divisors define the same complex line bundle, if and only if they are linearly equivalent. In this way we obtain an isomorphism of the group of divisor classes into the group of complex line bundles, under which the sum of divisors goes over

into the tensor product of the corresponding line bundles. It
was shown by Kodaira and Spencer [5] that for an algebraic variety V_n this isomorphism is into.

Let D be a divisor of V_n, let $H^o(V_n,D)$ be the complex vector
space of all those meromorphie functions f on V_n whose divisors
(f) added to D give a divisor (f)+D which has ho poles. This
vector space has always a finite dimension over C. The problem
of Riemann-Roch is to determine this dimension.

Now, let F be ahe complex line bundle corresponding to D.
It can be readily shown that the vector space $H^o(V_n,D)$ is isomorphic to the vector space $H^o(V_n,F)$ of all holomorphic sections
of F. (Observe that $\dim H^o(V_n,D)$ depends only on the divisor
class of D).

5. We have pointed out already that one of the principal
theorems is the equation

$$(4) \qquad \chi(V_n)= \sum_{i=0}^{n} (-1)^i g_i = T(V_n).$$

The value of the Chern class c_n of V_n on the fundamental cycle
of V_n equals the Euler number of V_n. Hence (4) gives for connected algebraic curves

$$(4)_1 \qquad \chi(V_1)=1 - g_1 = \frac{1}{2}(2-2p)$$

Here p denotes the number of handles of V_1. The theorem of
Riemann-Roch states for algebraic curves

$$(4)_1^* \qquad \dim H^o(V_1,D) - \dim H^o(V_1,K-D)=d+1-p,$$

where d is the degree of the divisor D and where K is a canonical
divisor. The equation $(4)_1$ can be obtained from $(4)_1^*$ by putting

$D = O$. We shall show that (4) admits a generalisation $(4)^{*}$ analogously to the generalisation from $(4)_1$ to $(4)_1^{*}$. Let us now use complex line bundles instead of divisor classes. We know already that this is essentially the same.

Let $H^i(V_n,F)$ be the i-dimensional cohomology group of V_n with coefficients in the sheaf of germs of holomorphic sections of the line bundle F. If F is the product bundle 1 (trivial line bundle) which corresponds to the zero divisor then we have the sheaf of local holomorphic functions. The "group" $H^i(V_n,F)$ is a vector space over C. The group $H^o(V_n,F)$ is the vector space we have discussed in 4., when formulating the problem of <u>Riemann-Roch</u>. According to <u>Dolbeault</u> $[6]$ we have dim $H^i(V_n,1)=g_i$. Thus the natural generalisation of g_i will be the number dim $H^i(V_n,F)$. According to a theorem of <u>Cartan-Serre</u> $[7]$ and <u>Kodaira</u> $[8]$, the vector space $H^i(V_n,F)$ is finite dimensional. Therefore the number dim $H^i(V_n,F)$ is actually defined. It vanishes for $i > n$. Now we introduce the <u>Euler-Poincaré</u> characteristic

$$(5) \qquad \chi(V_n,F) = \sum_{i=0}^{n} (-1)^i \dim H^i(V_n,F).$$

This is the generalisation of the left side of (4). We shall show that $\chi(V_n,F)$ can be expressed as a polynomial in the cohomology class f of the line bundle F and the <u>Chern</u> classes c_i of V_n. Before writing down these polynomials let us recall that the cohomology class f of F is a two dimensional integral cohomology class of V_n which can be defined as the first <u>Chern</u> class of F, i.e., as the first obstruction for a non-vanishing continuous section of F. If F is given by a divisor D, then f is that cohomology class of V_n which corresponds to the (2n-2)-dimensional integral homology class represented by the cycle D.

In the following polynomials the product has again to be interpreted as cup-product. If b is a 2n-dimensional cohomology

class, then $b\,[V_n]$ denotes the value of b on the fundamental cycle
of V_n. Now let us write down the polynomials for $\chi(V_n,F)$.

$$\chi(V_1,F) = (f + \frac{c_1}{2})\,[V_1]$$

$$(4)^{*}\qquad \chi(V_2,F) = (\frac{f^2}{2} + \frac{fc_1}{2} + \frac{1}{12}(c_1{}^2 + c_2))\,[V_2]$$

$$\chi(V_3,F) = (\frac{1}{6}f^3 + \frac{1}{4}f^2 c_1 + \frac{1}{12}f(c_1{}^2 + c_2) + \frac{1}{24}c_1 c_2)\,[V_3].$$

$$\chi(V_n,F) = (\sum_{k=0}^{n} \frac{f^{n-k}}{(n-k)!}\,T_k(c_1,\ldots,c_k))\,[V_n]$$

This is the generalisation of the theorem of Riemann-Roch
to algebraic varieties of arbitrary dimensions.

According to a duality theorem of <u>Serre</u> [9] , we have

$$\dim H^k(V_n,F) = \dim H^{n-k}(V_n,KF^{-1}).$$

Here K denotes the canonical line bundle corresponding to the
canonical divisor class. Using this duality relation the equation
for $\chi(V_1,F)$ and $\chi(V_2,F)$ goes over into the classical theorem
of <u>Riemann-Roch</u> for n=1 and n=2. In the case n=2, the number
$\dim H^1(V_2,F)$ equals the superabundance of F, i.e., the superabundance of the divisor class corresponding to F.

<u>Kodaira</u> [10] and <u>Serre</u> [11] have sufficient conditions under
which the cohomology groups $H^i(V_n,F)$ all vanish for $i > 0$. If
these conditions are fulfilled, then $\chi(V_n,F) = \dim H^0(V_n,F)$ and
our formula for $\chi(V_n,F)$ solves the problem of <u>Riemann-Roch</u>.

For n=1 the <u>Kodaira-Serre</u> conditions are by virtue of the
duality theorem nothing else but the well-known fact that in
$(4)_1^{*}$ the term $\dim H^0(V_1,K-D)$ vanishes, if $d > 2p-2$.

6. We now come to a further generalisation of (4). Let W
be a complex analytic vector space bundle of V_n (fibre: C_q = vector
space of dimension q over the field of complex numbers,
group: the general linear group GL(q,C) of all non singular q by
q complex matrices).

We define

$$(6) \qquad \chi(V_n, W) = \sum_{i=0}^{\infty} (-1)^i \dim H^i(V_n, W) \quad ,$$

where $H^i(V_n,W)$ denotes the i-dimensional cohomology group of V_n with coefficients in the sheaf of germs of local holomorphic sections of W. The groups $H^i(V_n,W)$ are again finite dimensional vector spaces over C which vanish for i > n. We shall see that $\chi(V_n,W)$ can be expressed as polynomials in the <u>Chern</u> classes c_i of V_n, i.e., the <u>Chern</u> classes of the tangent bundle of V_n, and in the <u>Chern</u> classes of W.

This result can be applied to special vector space bundles over V_n. Let us take the vector space bundle $T^{(p)}$ of the covariant p vectors. We put

$$(7) \qquad \chi^p(V_n) = \chi(V_n, T^{(p)}) \quad ,$$

The <u>Chern</u> classes of $T^{(p)}$ can be expressed as polynomials in the <u>Chern</u> classes c_i of V_n. Therefore we obtain for $\chi(V_n)$ a polynomial of weight n in the c_i. According to <u>Dolbeault</u> [6] ,we have

$$\dim H^q(V_n, T^{(p)}) = h^{p,q}$$

where $h^{p,q}$ denotes the dimension of the complex vector space of all harmonic forms of type (p,q) on V_n. Thus we have

$$\chi^p(V_n) = \sum_{q=0}^{n} (-1)^q h^{p,q} \quad .$$

For p = 0 we get

$$\chi^0(V_n) = \chi(V_n) = \sum_{q=0}^{n} (-1)^q h^{0,q} = \sum_{i=0}^{\infty} (-1)^i g_i \quad .$$

As an example we give the formula for $\chi^1(V_4)$

$$(8) \qquad \chi^1(V_4) - 4\chi(V_4) - \tfrac{1}{12}\left(2c_4 + c_3 c_1\right)[V_4]$$

For $\chi(V_4)$ see (3).

We see immediately that the sum $\sum_{p=0}^{n} \chi^p(V_n)$ vanishes, if n is odd. For n even <u>Hodge</u> [12] proved that $\sum_{p=0}^{n} \chi^p(V_n)$ equals the index of V_n which will be denoted by $J(V_n)$. This index is a topological invariant of V_n (n even) and is defined as follows. Take the n-dimensional real cohomology group of V_n. This is a vector space $\mathfrak{R}$ over the real field. For an element x of $\mathfrak{R}$ the square x^2 in the sense of the cup product defines the real number $x^2 [V_n]$. Since n is even, $x^2[V_n]$ is a quadratic form over $\mathfrak{R}$ which is non-singular. The number of positive eigenvalues minus the number of negative eigenvalues of this quadratic form is the index of V_n.

By the theorem of <u>Hodge</u> and by our polynomials for $\chi^p(V_n)$ we obtain a polynomial for the index. This polynomial is even a polynomial in the <u>Pontrjagin</u> classes of V_n which are defined for arbitrary differentiable manifolds.

7.   We have seen that the index of an algebraic V_{2k} is a polynomial in the <u>Pontrjagin</u> classes. Actually, this is the starting point of our considerations. Namely, by the theory of <u>Thom</u> [13] we will be abbe to prove that the index $J(M^{4k})$ of a 4k dimensional oriented differentiable manifold M^{4k} can be expressed as a polynomial in the <u>Pontrjagin</u> classes p_i of M^{4k} (p_i is a 4i-dimensional integral cohomology class of M^{4k}). As examples we state

$$J(M^4) = \tfrac{1}{3} \, p_1 \, [M^4]$$

$$J(M^8) = \tfrac{1}{45}\left(7p_2 - p_1^2\right)[M^8]$$

$$J(M^{12}) = \frac{1}{3^5 \cdot 5 \cdot 7}\left(62 p_3 - 13 p_2 p_1 + 2p_1^3\right)[M^{12}]$$

The formula for $\mathcal{J}(M^4)$ was conjectured by **Wu**. The formulas for $\mathcal{J}(M^4)$ and $\mathcal{J}(M^8)$ were proved by _Thom_.

For a short survey of the way from the formula for $\mathcal{J}(M^{4k})$ to the formula for $\chi(V_n,W)$ we refer to the note [14].

R e f e r e n c e s

[1] SEVERI,F.- La géometrie algébrique italienne, Centre Belge Rech.math., Colloque Geom.Algébrique,9-55 (1950).

[2] KODAIRA,K. and SPENCER,D.C.-On arithmetic genera of algebraic variéties. Proc.Nat.Acad.Sci.U.S.A., 39, 641-649 (1953).

[3] TODD,J.A.-The arithmetical invariants of algebraic loci. Proc. Lond.Math.Soc. (2) 43, 190-225 (1937).

[4] TODD,J.A.-The geometrical invariants of algebraic loci. Proc. Math.Soc. Lond. (2), 45, 410-434 (1939).

[5] KODAIRA,K. and SPENCER,D.C.- Groups of complex line bundles over compact Kahler varieties. Divisor class groups on algebraic varieties. Proc.Nat.Acad.Sci. U.S.A. 39,868-877 (1953).

[6] DOLBEAULT,P.-Sur la cohomologie des variétés analytiques complexes. C.R.Acad.Sci. (Paris) 236, 175-177 (1953).

[7] CARTAN,H. et SERRE J.P.-Un théorème de finitude concernant les variétés analytiques complexes. R.C. Acad. Sci. (Paris) 237, 128-130 (1953).

[8] KODAIRA,K.-On cohomology groups of compact analytic varieties with coefficients in some analytic faisceaux. Proc. Nat.Acad.Sei. U.S.A. 39, 865-868 (1953).

[9] SERRE,J.P.-Un théorème de dualité. Comm. Math. Helvet.29, 9-26 (1955).

[10] KODAIRA,K.-On a differential-geometric method in the theory of analytic stacks. Proc.Nat.Acad. Sci.U.S.A. 39,1268-1273 (1953).

[11] SERRE,J.P. Séminaire, H.Cartan,E.N.S.Paris 1953+54,Exposé XVIII.

[12] HOBGE,W.V.D.-The topological invariants of algebraic varie-
     ties. Proc. Internat. Congress of Math. I, 182-191
     (1950).

[13] THOM,R. - Quelques propriétés globales des variétés diffé-
     réntiables. Comm. Math. Helvet. $\underline{28}$,17-86, (1954).

[14] HIRZEBRUCH,F.-Arithmetic genera and the theorem of Riemann-
     Roch for algebraic varieties. Proc.Nat.Acad. Sci.U.S.A.
     $\underline{40}$, 110-114 (1954).